高等学校电子信息类"十三五"规划教材

电子材料与器件实验教程

主　编　闫军锋

副主编　邓周虎　王雪文　张志勇

主　审　戴显英　蒲红斌

西安电子科技大学出版社

内 容 简 介

　　本书是电子科学与技术专业和微电子专业的实验教材,内容包括半导体材料与器件的制备、测试、分析等四十三个实验。按照实验内容,全部实验被分为半导体材料与器件的制备技术(实验一至实验十)、半导体材料电子显微分析技术(实验十一至实验十七)、半导体材料基本物理性能参数测试(实验十八至实验三十五)、半导体器件性能测试(实验三十六至实验四十三)四个模块,各模块均包含验证性实验、综合性实验和设计性实验三种类型的实验,以适应不同专业层次实验教学的需求。

　　本书可作为电子科学与技术专业及微电子专业本科生和研究生实验教材,也可以作为相关专业技术人员的参考书。

图书在版编目(CIP)数据

电子材料与器件实验教程/闫军锋主编. —西安:西安电子科技大学出版社,2016.5
高等学校电子信息类"十三五"规划教材
ISBN 978 - 7 - 5606 - 4044 - 0

Ⅰ. ① 电… Ⅱ. ① 闫… Ⅲ. ① 电子材料—实验—高等学校—教材 ② 电子器件—实验—高等学校—教材 Ⅳ. ① TN04 - 33 ② TN103 - 33

中国版本图书馆 CIP 数据核字(2016)第 041019 号

策　　划	戚文艳
责任编辑	戚文艳
出版发行	西安电子科技大学出版社(西安市太白南路 2 号)
电　　话	(029)88242885　88201467　　邮　　编　710071
网　　址	www.xduph.com　　　　　电子邮箱　xdupfxb001@163.com
经　　销	新华书店
印刷单位	陕西天意印务有限责任公司
版　　次	2016 年 5 月第 1 版　2016 年 5 月第 1 次印刷
开　　本	787 毫米×1092 毫米　1/16　印张 13
字　　数	307 千字
印　　数	1~3000 册
定　　价	25.00 元

ISBN 978 - 7 - 5606 - 4044 - 0/TN

XDUP　4336001 - 1

＊＊＊如有印装问题可调换＊＊＊

前　言

　　在信息技术飞速发展的今天，微电子器件作为信息处理的核心，无论是高科技产品还是日常生活中普通的电子产品，其功能的实现都要依赖于微电子器件，而以掺杂半导体材料制备的 PN 结是构成微电子器件的基本单元。目前绝大部分半导体器件的 PN 结是由硅单晶或砷化镓之类的化合物半导体制成的，而硅材料是其中的主流材料，故其性能的测试与分析以及由硅材料构成的 PN 结制备方法及工艺研究一直是微电子专业研究的重点。与此同时，各种新型半导体材料等电子材料的出现促进了器件性能的迅速提高，加之电子材料具有品种多、用途广、涉及面宽的特点，是制作现代电子元器件和集成电路的基础，也是获得高性能、高可靠性先进电子元器件和系统的保证，使得电子材料的研究成为当前材料科学研究的一个重要方面。

　　西北大学电子科学与技术专业和微电子科学与工程专业源于 1958 年设立的半导体物理专业，专业设立之初实验课程的内容仅停留在验证半导体材料基本特性的层面。随着信息技术的飞速发展，以及对微电子器件设计与制造人才的技术水平和动手能力的要求越来越高，高校对学生实践能力培养的方法和手段也在不断提高和完善。在专业人才培养方面，西北大学与设置相关专业的兄弟院校在实践教学内容和方法上有着多年的交流与合作历程。在实验设置上不断增加针对新技术、新材料和新型器件的制备技术、分析方法等相关内容，在实验类型上设计了大量的综合性实验与设计性实验，使得实践教学内容紧扣专业发展前沿，实验教学方法更加切合专业人才培养的目标。

　　本书实验内容包括半导体材料与器件的制备、测试、分析等四十三个实验。在实验内容的逻辑顺序上，分为半导体材料与器件的制备技术（实验一至实验十）、半导体材料电子显微分析技术（实验十一至实验十七）、半导体材料基本物理性能参数测试（实验十八至实验三十五）、半导体器件性能测试（实验三十六至实验四十三）等四个模块，各模块均包含验证性实验、综合性实验和设计性实验三种类型的实验，以适应不同专业层次实践教学的需求。通过本书的学习与实践，一方面可以培养学生分析问题和解决问题的能力，另一方面可以强化学生对专业知识的认知度，提升学生的专业动手能力。

　　本书紧扣微电子学相关专业的发展要求，所包含的实验内容已基本满足电子科学与技术专业和微电子技术专业人才培养计划的需要，可作为电子科学与技术专业及微电子专业本科生和研究生的实验教材，也可以作为相关专业技术人员的参考书。

西安电子科技大学的戴显英老师和西安理工大学的蒲红斌老师担任了本书的主审，在此表示衷心的感谢。

编　者
2016 年 1 月

目 录

实验一　溶胶-凝胶法制备 ZnO 薄膜和粉体材料

溶胶-凝胶法是将易醇解或易水解的前驱体溶解在溶液中，在液相中发生一系列的醇解或水解、缩合等化学反应形成溶胶体系，再经过陈化形成凝胶，然后经过干燥、退火等过程制备所需要的氧化物或其他固体材料的一种方法，也是一种高效的边缘制膜技术。在此方法中，溶液里混合的各种组分以分子和离子的形式存在，以确保合成的薄膜或粉体具有高度的均匀性；前驱体(即溶质)，一般为金属有机化合物、硝酸盐、卤化物和烷氧基化合物等；常用的溶剂有水或无水乙醇。另外，催化剂的种类和加入量，对水解速率、缩聚速率、溶胶转化凝胶的结构演变有重要的影响，常用的酸性催化剂为 HCl，碱性催化剂为 NH_4OH；稳定剂能增加溶液、胶体和混合物的稳定性，可以保持化学反应平衡，降低表面张力，防止热分解或氧化分解，常用的稳定剂为乙醇胺等有机化合物。因此，溶质、溶剂、催化剂和稳定剂的选取与成膜或粉体的工艺繁简、最终材料的质量好坏和成本高低有关。

【实验目的】

1. 了解溶胶-凝胶法的基本原理。
2. 掌握采用溶胶-凝胶法制备 ZnO 薄膜的方法。
3. 掌握采用溶胶-凝胶法制备 ZnO 粉体的方法。

【实验原理】

溶胶-凝胶法制备薄膜或粉体材料的基本原理是：将金属醇盐或无机盐溶于有机溶剂或水中，形成均匀的透明溶液，金属醇盐或无机盐在溶液或溶剂中发生水解或醇解反应，水解或醇解的产物再缩合聚集成 1 nm 左右的溶胶粒子而形成溶胶，进而在胶化过程中形成凝胶。

溶胶-凝胶法的基本原理可以用三个阶段表述：

(1) 前驱体经过醇解或水解，缩合形成溶胶粒子(初生粒子，粒径为 1 nm 左右)。

(2) 溶胶粒子聚集生长(次生粒子，粒径为 6 nm 左右)。

(3) 长大的粒子(次生粒子)相互连接成链，进而在整个液体介质中扩展成三维网络结构，形成凝胶。

溶胶转变为凝胶的过程可以简述为：缩聚反应形成的粒子聚集体或聚合物集体长大成小粒子簇，并逐渐连接成三维网络结构，因此可以把凝胶过程看作为小粒子簇之间相互连接成连续的三维网络结构的过程。溶胶变凝胶的过程伴随着显著的化学变化和结构变化，参与变化的主要物质是胶粒，而溶剂的变化不大。在凝胶过程中，胶粒相互作用形成骨架或网络结构，失去了流动性；而溶剂的大部分依然在凝胶骨架中保留，尚能自由流动。在不同的介质中陈化时，这种特殊的骨架结构，赋予凝胶以特别大的比表面积，以及良好的烧结特性。

溶胶-凝胶法中最基本的反应有：

(1) 溶胶化：能电离的前驱体-金属盐的金属离子 M^{Z+} 将吸收水分子形成溶剂单元 $M(H_2O)$（Z 为 M 离子的价数）的同时，为保持配位数又有强烈地释放 H^+ 的趋势。其反应方程式为

$$M(H_2O)_m^{Z+} \rightarrow M(H_2O)_{m-1}(OH)^{(Z-1)+} + H^+ \tag{1.1}$$

这时若有其他的离子进入，就可能产生聚合反应，其反应方程式极为复杂。

(2) 水解反应：非电离式分子前驱体物，如金属醇盐 $M(OR)_n$（n 为金属 M 的原子价数）与水发生反应。其反应方程式为

$$M(OR)_n + nH_2O \rightarrow M(OH)_n + nROH \tag{1.2}$$

反应可连续进行，直至生成 $M(OH)_n$。

(3) 缩聚反应：缩聚反应可分为失醇缩聚或失水缩聚，其反应方程式分别为

失醇缩聚：

$$-M-OR+HO-M \rightarrow M-O-M+ROH \tag{1.3}$$

失水缩聚：

$$-M-OH+HO-M \rightarrow -M-O-M+H_2O \tag{1.4}$$

反应生成物是各种尺寸和结构的溶胶体粒子。

利用溶胶-凝胶法制备 ZnO 薄膜的基本机理，就是以溶胶为原料通过浸渍法或旋转涂覆法使溶胶吸附在衬底上，经过胶化形成凝胶，再经过一定温度的烧结形成晶态或非晶态的薄膜。而制备 ZnO 粉体的基本机理，就是溶胶直接胶化形成凝胶，进行干燥形成粉体，再经过一定温度的烧结形成晶态或非晶态的粉体。

本实验选用二水合醋酸锌$[Zn(CH_3COO)_2 \cdot 2H_2O]$为反应的前驱物，乙醇为溶剂，乙醇胺为稳定剂。$[Zn(CH_3COO)_2 \cdot 2H_2O]$中的水分子是通过 $Zn(CH_3COO)_2$ 中 C=O 键的氧连接在一起的。$[Zn(CH_3COO)_2 \cdot 2H_2O]$水解是反应的前提条件。

实验中的主要化学反应方程式如下：

$$CH_3-\underset{\underset{O-H-OH}{|}}{C}-O-Zn-O-\underset{\underset{O-H-OH}{|}}{C}-CH_3 \rightarrow$$

$$[CH_3-\underset{\underset{O}{|}}{C}-O-Zn]^+[O-\underset{\underset{O}{|}}{C}-CH_3]^- + 2H^+ + 2(OH)^- \tag{1.5}$$

$$[CH_3-\underset{\underset{O}{|}}{C}-O-Zn]^+[O-\underset{\underset{O}{|}}{C}-CH_3]^- + 2H^+ + 2(OH)^- + NH_2CH_2CH_2OH \rightarrow$$

$$Zn(OH)_2 + CH_3COONH_2 + CH_3CH_2-O-\underset{\underset{O}{|}}{C}-CH_3 + H_2O \tag{1.6}$$

$$Zn(OH)_2 \rightarrow ZnO + H_2O \qquad\qquad (1.7)$$

【实验仪器】

1. 实验设备

本实验使用的仪器有分析天平、恒温磁力搅拌器、数控超声波清洗器、电热鼓风干燥箱、甩胶台、马弗炉。

2. 实验原料

本实验所用的主要原料见表 1.1。

表 1.1 实验所用的主要原料

	试剂名称	化学式	级别	产地
前驱体	二水合醋酸锌	$Zn(CH_3COO)_2 \cdot 2H_2O$	分析纯≥99%	湘中
溶剂	乙醇	CH_3COOH	分析纯≥99%	天津
	乙二醇甲醚	$CH_3OCH_2CH_2OH$	分析纯≥99.5%	天津
稳定剂	乙醇胺	$NH_2(CH_2)_2OH$	分析纯≥99%	西安
清洗剂	丙酮	CH_3COCH_3	分析纯≥99.5%	四川
	四氯化碳	CCl_4	分析纯≥99.5%	天津
	乙醇	CH_3COOH	分析纯≥99%	天津
衬底		Si(100)		

【实验内容与步骤】

1. 制备 ZnO 薄膜

首先制备溶胶。称取一定浓度的 $Zn(CH_3COO)_2 \cdot 2H_2O$ 将其溶解在乙醇或乙二醇甲醚中，然后加入等摩尔的乙醇胺，在室温下均匀持续搅拌，形成均匀透明的溶胶。在 60℃ 的电热鼓风干燥箱(以下简称烘箱)里静置陈化一段时间，直到形成具有一定黏度的溶胶。然后进行甩胶镀膜，将清洁过的衬底放置于匀胶机的载物台上，打开机械泵抽取真空以固定衬底，开启转速按钮，在较低的转速(500 r/min)下用胶头滴管向硅片衬底上滴加一两滴溶胶并旋转 5 s，之后中速(2100 r/min)旋转 10 s，最后高速(2500 r/min)旋转 10 s，待溶胶在离心力作用下迅速在硅片上铺展开，形成湿薄膜，再将湿薄膜样品放入 100～200℃ 的烘箱中预热处理 10～20 min 后重复甩胶数次，直到达到所需要的厚度。最后进行退火处理，将涂覆了一定厚度的薄膜样品放入 500～800℃ 的马弗炉中煅烧进行退火处理，升温速率为 3～5℃/min，保温时间为 90 min，使之形成干燥的固态 ZnO 薄膜，以备后续的测试。

薄膜的制备工艺流程如图 1.1 所示。

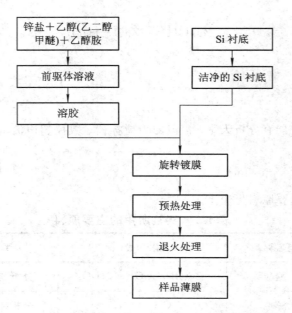

图 1.1　样品薄膜的制备工艺流程图

2. 制备 ZnO 粉体

将上述过程中制备的均匀透明的溶胶放在 80～200℃ 烘箱中进行充分干燥形成干凝胶，再将其研磨成粉末，在不同的气氛下（氮气、氧气、空气）进行不同温度（500～800℃）的退火处理，升温速率为 3～5℃/min，保温时间为 90 min，形成结晶性良好的粉体 ZnO。

粉体的制备工艺流程如图 1.2 所示。

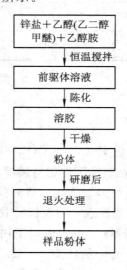

图 1.2　样品粉体的制备工艺流程图

【**实验结果与数据处理**】

实验所得产物参照实验十一至实验十四进行微观结构与形貌的表征。

【注意事项】

（1）胶体制备过程中，应该控制搅拌和陈化温度。温度过低，溶液胶化的作用将会剧烈下降，导致溶胶的黏稠度下降，甩胶过程中胶体容易被甩飞，最终导致所制备的薄膜厚度不够，连续性变差；温度过高，胶化作用变强，导致胶体的黏稠度增加，甩胶过程中胶体甩不开，最终导致所制备的薄膜表面不平整，致密性变差，透明度降低等。

（2）甩胶镀膜过程中，要适当控制匀胶机的转速，转速太低，胶体甩不开，导致制备的薄膜变厚；转速太高，胶体被甩飞，导致制备的薄膜太薄。

（3）预热处理过程中，温度不能太高，温度过高会导致湿薄膜中的有机溶剂快速挥发，从而造成薄膜因张力作用而开裂。

（4）退火过程中，升温速率不宜过快，保温时间结束后不能立即打开马弗炉，而是要等到其温度自然冷却到室温左右再打开马弗炉取出样品。

（5）在制备粉体时，干燥过程中，温度不宜过高，温度过高，会造成干燥速率过快，使得胶体粒子大量聚集而形成块，导致其结晶性较差。

【思考题】

1. 制备溶胶时需要注意哪些事项？
2. 制备粉体样品时，为什么需要在研磨后再进行退火处理？
3. 如何判断薄膜样品质量的好坏？

实验二　水热法制备 ZnO 纳米功能材料

　　水热法是在高温高压环境下，采用水作为反应介质，使得通常难溶或不溶的物质溶解并重新结晶，得到所需产物的一种有效的材料制备方法。水热法所需设备简单、能耗低、反应条件温和、污染小、易于商业化，并且可以通过调节反应物成分、浓度、pH 值、反应温度、反应时间和矿化剂的种类有效控制晶体生长特性，其产物具有结晶好、团聚少、纯度高等特点。此外，水热法是制备超细粉体的湿化学方法之一，与其他粉体制备方法相比较，水热法具有如下特点：粉体晶粒发育完整，粒径很小且分布均匀；团聚程度较轻；易得到合适的化学计量比和晶粒形态；可以使用较便宜的原料；省去了高温煅烧和球磨，避免了杂质引入和结构缺陷；粉体在烧结过程中表现出很高的活性等。根据反应过程的差异，水热法晶粒制备技术可分为水热氧化、水热沉淀（包括水热水解）、水热晶化、水热合成、水热分解、水热脱水、水热阳极氧化、水热机械化学反应、微波水热、水热电化学反应、超声水热技术等。

　　ZnO 是一种典型的直接带隙Ⅱ-Ⅵ族氧化物半导体材料，其禁带宽度约为 3.37 eV，室温激子束缚能为 60 meV，在电学、磁学和光学等方面具有广阔的应用前景。尤其是 ZnO 基稀磁半导体材料，由于其具有居里温度高、磁性离子溶解度大、在可见光范围内透明等优点，已经成为物理学、微电子学和材料学等领域中新的研究热点。

【实验目的】

1. 掌握水热法制备 ZnO 的基本原理。
2. 掌握水热法制备纳米功能材料的反应机理。

【实验原理】

　　晶体材料的形成主要包括成核和生长两个过程。

　　在水热条件下，一般认为 $Zn(OH)_4^{2-}$ 是 ZnO 材料的生长基元；在水热过程的初始阶段，$Zn(OH)_4^{2-}$ 首先形成有多个核子且能调整核子几何配置状态的多孪生中心核，多孪生中心核进一步发育生长形成了 ZnO 材料。溶液过饱和度、$[OH^-]/[Zn^{2+}]$、反应温度、水热体系压力等因素形成了调整多孪生中心核中核子几何配置的环境驱动力。当 $[OH^-]/[Zn^{2+}]$ 较低时，不能产生足够的环境驱动力，使得单个晶核只能随机地配置成无序的多孪生中心核，形成了不规则簇状结构。当 $[OH^-]/[Zn^{2+}]$ 逐渐增大时，环境驱动力增强，多孪生中心核逐渐调整核子沿径向排列，最后形成花状 ZnO 纳米线。

　　由于 ZnO 是一种两性氧化物，可溶于碱性溶液，当 $[OH^-]/[Zn^{2+}]$ 进一步增大时，强碱性溶液将腐蚀已形成的花状 ZnO 纳米线中心的界面，破坏花状结构，从而得到了分散纳米棒结构；然而，当 $[OH^-]/[Zn^{2+}]$ 过低时，前驱体溶液中白色絮状的 $Zn(OH)_2$ 未完全转化为 $Zn(OH)_4^{2-}$，$Zn(OH)_2$ 和 $Zn(OH)_4^{2-}$ 都是 ZnO 的生长基元，在成核阶段无法形成多孪生中心核；同时，由于环境驱动力不充分，ZnO 未沿 c 轴择优取向生长，从而得到了片状结构。ZnO 纳米材料的主要反应方程式如式(2.1)～式(2.4)所示，水热生长机理示意图如图 2.1 所示。

$$Zn^{2+}+2OH^- \rightarrow Zn(OH)_2 \downarrow \qquad (2.1)$$

$$Zn(OH)_2 \xrightarrow{\text{水热}} ZnO+H_2O \qquad (2.2)$$

$$Zn(OH)_2+2OH^- \leftrightarrow Zn(OH)_4^{2-} \qquad (2.3)$$

$$Zn(OH)_4^{2-} \rightarrow ZnO+H_2O+2OH^- \qquad (2.4)$$

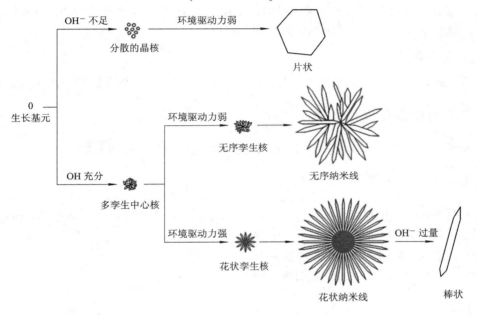

图 2.1 ZnO 纳米材料的水热生长机理示意图

【实验仪器】

本实验使用的仪器如表 2.1 所示。

表 2.1 实验所用仪器

仪器名称	型号
艾科浦超纯水系统	ED12 - 100 - U
数控超声波清洗器	KQ2200DB
电子分析天平	FA1004
恒温磁力搅拌器	HJ - 3
高压反应釜	GSH - 0.5
烘箱	101A - 1E
离心机	TG18 - WS

【实验内容与步骤】

1. 反应前驱体

采用电子分析天平分别称量一定量的乙酸锌(或硝酸锌)及氢氧化钠(或六次甲基四胺)溶于去离子水,并使用恒温磁力搅拌器分别进行搅拌使其充分溶解,形成一定浓度的乙酸锌(或硝酸锌)溶液及氢氧化钠(或六次甲基四胺)溶液;然后将氢氧化钠(或六次甲基四胺)溶液逐滴滴入乙酸锌(或硝酸锌)溶液中进行反应,直至溶液变成透明、均匀的液体。

2. 水热反应

将溶液转移至具有聚四氟乙烯内衬的高压反应釜中(反应釜填充度为70%)密封,放入烘箱中,调节反应所需温度和时间,使其充分反应。

3. 产物收集

将反应好的高压反应釜取出来,进行离心、过滤、清洗,并放入烘箱中烘干以备表征。

【实验结果与数据处理】

实验所得产物参照实验十一至实验十四进行微观结构与形貌的表征。

【注意事项】

(1) 在进行磁力搅拌时,为了避免污染及溶液迸溅出来,需要将烧杯盖住,而且搅拌速度不要太快。

(2) 在水热反应过程中,烘箱温度一般应低于200℃。

(3) 高压反应釜必须密封,否则放入烘箱中会出现危险。

【思考题】

1. 在水热反应中烘箱温度为什么应低于200℃?

2. 水热法制备的 ZnO 和采用其他方法制备的 ZnO 有什么区别?

3. 反应温度、碱盐比($[OH^-]:[Zn^{2+}]$)对 ZnO 产物的形貌会产生什么影响?

实验三　溶剂热法制备 Fe_3O_4 磁性材料

溶剂热法是指在密闭的压力容器中，以特定溶液为分散介质，在高温高压的条件下进行的化学反应，以得到相应产物的方法。溶剂热法具有两个特点：一是反应在密闭容器中进行，避免了组分挥发，并产生相对高压($0.3\sim4$ MPa)，二是相对高的温度($130\sim200℃$)有利于磁性能的提高。溶剂热法的优点是反应工艺条件参数可控性好，产物的结晶度高、生长完整，产物粒径较小可达到几纳米，产物分散性好，并且掺杂改性工艺易于控制和实现。

【实验目的】

1. 掌握溶剂热法制备纳米微粒的基本方法。
2. 了解制备 Fe_3O_4 磁性材料的主要反应机理。

【实验原理】

实验采用 $FeCl_3$ 为铁源，以乙二醇为溶液，聚乙二醇 10000（简写为 PEG10000）为表面活性剂，以 CH_3COONa 为稳定剂，在一定条件下进行反应。在反应过程中乙二醇不但作为溶液而且作为还原剂，乙二醇首先进行缩水反应，形成水和乙醛，其化学反应方程式如式(3.1)所示；经过脱水反应，无水体系中出现大量的水环境，此时，醋酸钠发生水解，其化学反应方程式如式(3.2)所示。同时，$FeCl_3$ 溶于水后与醋酸钠水解的 OH^- 发生反应，形成 $Fe(OH)_3$ 沉淀，其化学反应方程式如式(3.3)所示；化学反应形成的乙醛具有还原性，可以与 $Fe(OH)_3$ 发生还原反应，形成 $Fe(OH)_2$，其化学反应方程式如式(3.4)所示，$Fe(OH)_2$ 与 $Fe(OH)_3$ 继续反应生成的 Fe_3O_4，其化学反应方程式如式(3.5)所示，Fe_3O_4 是形成 Fe_3O_4 微米球的基本单元。

$$CH_2OHCH_2OH \rightarrow CH_3CHO + H_2O \tag{3.1}$$

$$CH_3COONa + H_2O \rightarrow CH_3COOH + Na^+ + OH^- \tag{3.2}$$

$$Fe^{3+} + 3OH^- \rightarrow Fe(OH)_3 \tag{3.3}$$

$$CH_3CHO + 2Fe(OH)_3 \rightarrow 2Fe(OH)_2 + CH_3COOH + H_2O \tag{3.4}$$

$$2Fe(OH)_3 + Fe(OH)_2 \rightarrow Fe_3O_4 + 4H_2O \tag{3.5}$$

Fe_3O_4 晶粒形成 Fe_3O_4 微米球的过程符合奥斯瓦尔德熟化理论，其形成机理如图 3.1 所示。首先，Fe_3O_4 可以由式(3.1)～式(3.5)的过程得到，其中的一些 Fe_3O_4 纳米粒子可以长成较大的晶体，小晶体比大晶体具有更高溶解度，大的晶体在这个过程中基本是不动的，因此大晶体生长是以小晶体溶解为代价的，小的晶体不断的溶解，这些大的晶体可以作为种子层长成纳米微球。

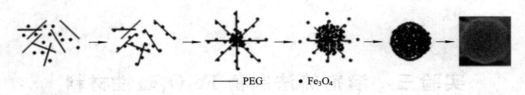

—— PEG   • Fe₃O₄

图 3.1   Fe₃O₄ 的形成机理图

【实验仪器】

本实验使用的仪器如表 3.1 所示。

表 3.1   实 验 仪 器

仪器名称	生 产 单 位	型 号
艾科浦去离子水系统	颐洋企业发展有限责任公司	ED12-100-U
电子分析天平	上海舜宇恒平科学仪器有限公司	FA1004
恒温磁力搅拌器	上海浦东仪器厂	HJ-3
烘箱	上海实验仪器厂有限公司	101A-1E
数控超声波清洗器	昆山市超声仪器有限公司	KQ2200DB
高压反应釜	威海化工机械有限公司	GSH-0.5

【实验内容与步骤】

称取 1.6552 g 的 $FeCl_3 \cdot 6H_2O$ 和 4.6735 g 的 CH_3COONa，溶于 40 ml 1.0000 g 的 PEG10000 乙二醇溶液中，并放在磁力搅拌器上搅拌直至固体全部溶解，形成均匀、稳定的橘黄色前驱体溶液，将前驱体溶液移入容积为 50 ml 的高压反应釜中，填充度为 70%。然后，将反应釜置于烘箱中，设定反应温度为 170℃、反应时间为 8 h，实验结束后使其自然冷却至室温，用 95% 的乙醇洗涤三次，得到黑色沉淀。最后，将产物放入 60℃ 下的烘箱进行干燥，并收集以备表征。制备工艺流程图如图 3.2 所示。

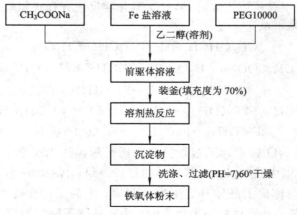

图 3.2   工艺流程图

【实验结果与数据处理】

实验所得产物参照实验十一至实验十四进行微观结构与形貌的表征。

【注意事项】

(1) 称量反应物质时,防止引入杂质。

(2) 使用具有聚四氟乙烯内衬的高压反应釜时,烘箱温度一般不高于 200℃。

(3) 进行搅拌时,磁力搅拌器的转速不要过快,否则会引起液体喷溅。

【思考题】

1. 反应溶液中加入 10 000 g 聚乙二醇 PEG10000 起什么作用?

2. 不同的反应时间和反应温度对铁氧体的微观结构和形貌会有怎样的影响?

实验四　ZnO 半导体陶瓷的制备

近年来,随着集成电路技术和微电子技术的发展,以及电子产品的小型化、集成化,人们对低压 ZnO 压敏陶瓷的需求量越来越大。ZnO 压敏陶瓷是以 ZnO 为基体,添加若干其他氧化物制成的一类半导体材料,由于独特的晶界特性使其具有优良的非线性系数、压敏电压范围宽(从零点几伏到几十千伏)、电压温度系数小、时间响应快、漏电流小等特点,广泛应用于通信设备、汽车工业、铁路信号、微型机电及各种电子器件的过电压保护等方面。

【实验目的】

1. 了解陶瓷材料的特性及制备陶瓷的工艺流程。
2. 熟悉球磨机、压片机、电子天平、干燥箱、电炉和 XRD 等仪器设备的使用方法。

【实验原理】

粉料的制备是制备陶瓷材料的基础,其制备方法分为干法和湿式化学合成法。干法成本低廉,且经过多年的生产实践,在混磨设备、粉料的单独磨细、造粒等方面都有着非常成熟的工艺。目前工业生产上大都采用该工艺,但是干法很难保证成分准确均匀,而且采用机械球磨机混合不可能获得粒度分布均匀的粉料,还会出现研磨介质的污染问题,因此该方法无法从根本上提高陶瓷材料的性能。湿式化学合成法是通过液相合成粉料,由于组分充分分散在液相中,各组分的含量可以精确控制,实现各组分的均匀混合,通过正确的工艺条件控制,可生成球形或近似球形的固相晶粒。因此湿式化学法特别适用于制备多组分超细粉料。

各种元素的添加直接影响材料的显微结构和晶界特性,可提高非线性或改善老化稳定性,促进或抑制晶粒的生长,进而决定压敏性能。因此,要获得性能优良的 ZnO 陶瓷材料,关键是要有合理的配方和对工艺的控制。根据研究的目的和实验的具体需要,本实验以 ZnO 为主要原料,掺入 Sb_2O_3、Bi_2O_3、Co_2O_3、MnO_2 和 Cr_2O_3,采用传统的陶瓷制备工艺制备出圆型 ZnO 压敏电阻片,并研究瓷料配方对 ZnO 陶瓷片电性能的影响。制备 ZnO 陶瓷的工艺流程如图 4.1 所示。

图 4.1　ZnO 陶瓷制备工艺流程图

【实验仪器】

行星式球磨机转速快、效率高、粒度细，是用于混合、细磨、小样制备和纳米材料分散等的理想设备，本实验使用的仪器是南京大学仪器厂研发生产的 QM-1SP2-CL 行星式齿轮球磨机。该球磨机配备容量为 50 mL、100 mL、250 mL 和 500 mL 四种规格的球磨罐，由程序控制，通过齿轮传动，可实现变频无级变速、定时及自动关机。其最小出料粒度为 0.1 μm。

天津市光学仪器厂生产的 FW-4A 型压片机用于 ZnO 陶瓷的成型。该压片机配备不同规格的模具，可将粉体材料压制成多种规格尺寸的生坯片。所施加的压力大小可通过读取压力表的示数与压力值进行换算获得，其换算关系如下表：

表 4.1　压力表的示数与压力值的对应表

压力表/MPa	10	15	20	25	30	35	40
压力/kg	6000	9600	12800	16000	192000	22400	25600

科伟 101-1 型电热鼓风干燥箱用于料浆的干燥。箱体采用冷轧板冲压焊接，表面喷塑，外设观察窗，搁板间距可以任意调节，其温度范围为室温＋5～300℃，温度精度为±1.0℃。

烧结步骤使用天津市中环实验电炉有限公司型号为 SX-G01163 的节能箱式电炉。电炉加热元件采用表面温度 1700℃ 的优质硅钼棒，温场均匀。温度控制系统采用人工智能调节技术，具有 PID 控制和自整定等功能，并可编制各种升降温程序。其额定功率为1.5 kW，额定温度为 1600℃。

称量使用上海舜宇恒平科学仪器有限公司的型号为 FA1004 电子天平，其称量范围为0.01 ～ 100 g，分度值为 0.1 mg。

物相分析使用日本岛津公司 XRD-6100 型 X 射线衍射仪。

【实验内容与步骤】

1. 称量

按照物质的量分别为 97％、1％、0.5％、0.5％、0.5％ 和 0.5％ 的 ZnO、Sb_2O_3、Bi_2O_3、Co_2O_3、MnO_2 和 Cr_2O_3 的六种金属氧化物配制成实验所需的基础配方，在精度为0.1 mg 的精密电子天平上准确地称取所需原料的量。

2. 球磨

根据料的重量，按照质量比，料∶水∶球＝1∶1∶2，水的质量包含分散剂等溶液，以250 r/min 的转速球磨 30 小时出料。

3. 干燥

将料浆放入烘箱中，设置温度为 100℃，烘干过程中约每 10 分钟搅拌一次，经过大约半小时即可烘干，再经过手工过筛造粒就制备出实验所需的粉体。

4. 造粒

经球磨，干燥后的粉料在 10 MPa 压力下预压成块，然后打碎，过 45 目标准筛得到具有一定粒度而且均匀分布的粉料。

5. 成型

在压片机上，用 40 MPa 的压力将粉料压制成数量若干的 10×2.0 mm 小圆片。

6. 烧结

在大气气氛下按照图 4.2 烧结曲线烧结，然后随炉冷却至室温。

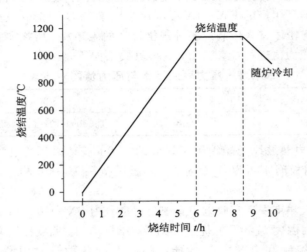

图 4.2　烧结曲线

7. 烧后加工

烧结后的样品表面需用金相砂纸手工打磨，使样品表面平整，并用超声波清洗器清洗。

8. 上电极

将样品的两端面均匀地涂上银浆，按照图 4.3 所示的烧银曲线烧结，并将样品两端接上电极，以便测试其电学性能和焊接引线。

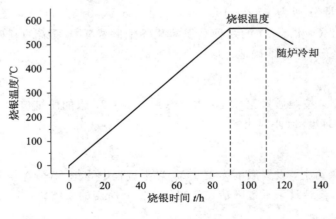

图 4.3　烧银曲线

9. 电学性能测试

见"实验结果及数据处理"部分。

10. 物相分析

利用 XRD 分析 ZnO 压敏陶瓷的物相成分,具体的操作方法是:将烧结后样品用研钵研磨成粉末状,置于 XRD 测试粉末的台子上进行分析。

【实验结果与数据处理】

1. 电学性能测试

需要测试的电学性能参数主要有:

(1) 压敏电压($U_{1\,mA}$,$U_{0.1\,mA}$);

(2) 非线性系数 α,由下面的公式计算得出:

$$\alpha = \frac{1}{\lg(U_{1\,mA}/U_{0.1\,mA})} \tag{4.1}$$

其中,$U_{1\,mA}$ 为流过样品电流为 1 mA 时样品两端的电压,$U_{0.1\,mA}$ 为流过样品电流为 0.1 mA 时样品两端的电压,α 为非线性系数。

2. XRD 测试

对实验样品进行 XRD 测试。

【注意事项】

(1) 天平在初次接通电源或长时间断电后开机时,至少需要 30 分钟的预热时间。

(2) 球磨罐的装料量(含球)不能超过其容积的四分之三,应确保盖子盖好后再进行球磨。

(3) 操作压片机时注意安全,防止手指受伤。

(4) 在进行 XRD 测试时一定要在允许开门的时间内打开舱门。

【思考题】

1. 在制备 ZnO 陶瓷材料时,为什么要加入杂质材料,它们的作用是什么?

2. ZnO 陶瓷的压敏特性的用途是什么?

实验五　微波合成法制备 ZnO 纳米功能材料

微波水热法（Microwave Hydrothermal Reaction）是指将微波场引入到普通的水热反应体系中，用微波作为对反应物的加热源，属于液相反应法的范畴。

【实验目的】

1. 了解微波合成法的基本原理。
2. 掌握采用微波合成法制备 ZnO 的工艺过程。

【实验原理】

微波是频率在 $300MHz \sim 300GHz$ 之间的电磁波，具有波长短、频率高和穿透性强的优点，因微波的能量可以直接传递给分子，不必加热所有材料，就可使微波水热反应体系具有以下优点：

（1）加热速度快、受热均匀且无温度梯度，克服了水热法的反应容器受热不均匀等缺点。

（2）反应简单灵敏、节能高效，克服了水热法制备周期长的缺点。

例如 Romeiro 等人采用微波水热法快速合成了 Mn 掺杂 ZnO 纳米结构。但是，微波水热法也存在着反应设备价格昂贵、对反应容器要求较高以及无法实时监测材料生长过程的缺点。

【实验仪器】

本实验使用的仪器如表 5.1 所示。

表 5.1　实　验　仪　器

仪器名称	生产单位	型号
艾科浦去离子水系统	颐洋企业发展有限责任公司	ED12 - 100 - U
电子天平	上海舜宇恒平仪器有限公司	FA1004
恒温磁力搅拌器	上海浦东仪器厂	HJ - 3
烘箱	上海实验仪器厂有限公司	101A - 1E
微波消解·萃取·合成工作站	上海新仪微波化学科技有限公司	MDS - 10

表 5.2　化 学 试 剂

试剂名称	化 学 式	分子量	纯度	生产单位
乙酸锌	$Zn(CH_3COO)_2 \cdot 2H_2O$	219.50	≥99.0%	汕头市西陇化工厂有限公司
硝酸锌	$Zn(NO_3)_2 \cdot 6H_2O$	297.49	≥99.0%	天津科密欧化学试剂有限公司
六亚甲基四胺	$C_6H_{12}N_4$	140.19	≥99.0%	西安化学试剂厂
氨水	$NH_3 \cdot H_2O$		25.0%~28.0%	四川西陇化工有限公司
硝酸钆	$Gd(NO_3)_3 \cdot 6H_2O$	451.26	≥99.9%	美国阿法埃莎公司
硝酸钕	$Nd(NO_3)_3 \cdot 6H_2O$	438.34	≥99.9%	阿法埃莎(天津)化学有限公司
硝酸钬	$Ho(NO_3)_3$	350.95	≥99.9%	成都格雷西亚化学技术有限公司
醋酸铽	$Tb(NO_3)_3 \cdot 6H_2O$	453.03	≥99.9%	成都格雷西亚化学技术有限公司
无水乙醇	CH_3CH_2OH	46.07	≥99.7%	天津市富宇精细化工有限公司

【实验内容与步骤】

微波合成法制备 ZnO 纳米材料的工艺流程如图 5.1 所示。首先，分别配置所需量的 $Zn(CH_3COO)_2 \cdot 2H_2O$ 与 $Zn(NO_3)_2 \cdot 6H_2O$ 的混合 Zn 盐溶液和 $C_6H_{12}N_4$ 溶液，将 $C_6H_{12}N_4$ 溶液缓慢滴入到 $Zn(CH_3COO)_2 \cdot 2H_2O$ 与 $Zn(NO_3)_2 \cdot 6H_2O$ 的混合 Zn 盐溶液中，并用 $NH_3 \cdot H_2O$ 调节其 pH 值，使之形成稳定的前驱体溶液，进而将前驱体溶液转移至反应釜中，进行微波水热反应后冷却至室温。然后，打开反应釜，收集反应产物并用去离子水和无水乙醇反复洗涤，最后将产物在烘箱中 60℃ 条件下干燥以备表征。工艺参数：锌离子浓度($[Zn^{2+}]$)为 0.03 mol/L，六亚甲基四胺与锌离子浓度之比($[HMT]/[Zn^{2+}]$)为 0.6，反应温度(T)为 140℃，反应时间(t)为 15 min，前驱体溶液的 PH 为 11。

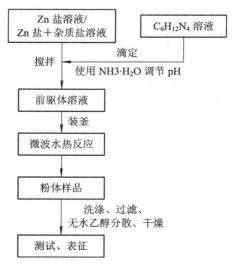

图 5.1　微波合成法制备 ZnO 纳米材料的工艺流程

【实验结果与数据处理】

1. XRD 测试结果

对制备的产物进行 XRD 表征,应用 Jade 软件将产物的 XRD 数据与 ZnO 的 PDF 卡片进行比对,若衍射峰位吻合,则产物即为 ZnO。

2. SEM 表征

对制备的产物进行 SEM 表征,以获得所制备产物的形貌特征。

【注意事项】

(1) 转动微波消解·萃取·合成工作站转盘时。要使用"转盘"键,不能用手转。

(2) 装主控釜时,压力传感器在下,温度传感器在上,装副控釜时,要加防爆片,每片防爆片使用 3 次为安全值,同时用手拧紧塑料螺母即可。

(3) 仪器在反应过程中,若温度下降,则有可能是反应物泄露,应终止程序。

(4) 压力达到 3.5 MPa 时,应考虑终止程序。

(5) 在温度设定过程中,若设定温度超过 150℃,则应采用分步升温方式,第一步温度不能超过 150℃,以后每步升温幅度不能超过 50℃。

【思考题】

1. 微波合成法与普通水热法有哪些区别?
2. 微波合成法制备 ZnO 实验关键因素有哪些?

实验六　热丝CVD法制备金刚石薄膜

目前，已有多种化学气相淀积金刚石薄膜的工艺方法，而且有的工艺方法还生长出了单晶金刚石薄膜。低压化学气相沉积金刚石膜技术是获得金刚石膜材料的常用方法，热丝化学气相沉积法（HFCVD）是成功制备金刚石膜的方法之一。热丝化学气相沉积法装置简单，工艺参数易于控制，可以较好的控制膜中的杂质含量，提高金刚石纯度，而且成本低，易于大面积生长，成为制备纯度高、成核密度高、微晶取向一致、晶粒尺寸均匀金刚石薄膜最受关注的方法。

【实验目的】

1. 掌握热丝CVD法制备薄膜的工艺过程，并能根据具体工艺条件制备出金刚石薄膜。

2. 能根据不同的实验要求和不同的工艺参数要求制备出金刚石薄膜，能熟练使用实验设备。

3. 能分析出不同工艺条件对金刚石薄膜成膜质量的影响，并能够制备出成膜质量较好的金刚石薄膜。

【实验原理】

热丝CVD的实验原理图如图6.1所示。通常衬底（硅片、金属钼片和石英玻璃片等）

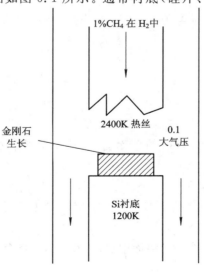

图 6.1　热丝CVD原理图

的温度控制在 1573 K 以下，以防止生成的金刚石石墨化。采用的气源通常为含碳、氢和氧（或氮）的有机化合物，如甲烷（CH_4）、甲醇（CH_3OH）、乙醇（CH_3CH_2OH）、丙酮（CH_3COCH_3）、三甲胺（$(CH_3)_3N$）等。当反应室达到预真空度后，把反应气体按一定比例混合后从反应室上部引入反应区域，热丝（通常用钨丝或钽丝）通电加热到 2000℃ 左右，反应室压强控制在 $1\sim102$ kPa 范围内，生长速率可达 $1\sim10$ μm/h 的量级。该工艺方法实验装置简易，操作方便，能获得质量较高、面积尺寸较大的金刚石多晶薄膜。但是，易造成灯丝金属对淀积薄膜的沾污，而且灯丝的稳定性也存在一些不足之处。由于该工艺技术对生长参数的控制等要求宽松，因此便于实现工业化批量生产。对热丝 CVD 装置稍加改进，即在基座与热丝之间施加一直流电压，加热的钨丝发射的电子在电场作用下轰击阳极基片附近的反应气体，这样反应气体在热解和电子轰击的双重作用下加速分解产生等离子体，促进了金刚石薄膜的生长。这种改进的工艺方法称为电子增强热丝 CVD，其装置如图 6.2 所示。

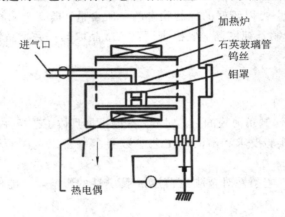

图 6.2　电子增强 CVD 装置图

【实验仪器】

热丝 CVD 沉积装置，扫描电子显微镜，光学显微镜，光学高温计。

【实验内容与步骤】

1. 衬底材料的预处理

1）衬底材料的预清洗

衬底选用晶向为（100）和（111）的单面抛光 Si 单晶片、石英玻璃、金属铝片和金属钛片。

预清洗按以下步骤进行：

（1）先对衬底片进行常规清洗，即用去油剂超声清洗 30 分钟，然后用去离子水冲洗若干遍，再用无水乙醇脱水。

（2）脱水后将 Si 片放入 5％HF 溶液中浸泡 10 秒钟，将金属片放入 40％HCl 溶液中浸泡 10 秒钟。

（3）用冷、热去离子水冲洗 20 分钟，再用无水乙醇脱水后，放置在反应室内的石墨衬底座上。

2）衬底材料在反应室内的刻蚀清洗

由于衬底在从无水乙醇中脱水后转移到石墨衬底座上期间，仍然与空气接触，吸附一定的杂质并发生氧化，因此必须在正式成核处理之前，在真空状态下对衬底样片表面进行适当的处理，以进一步清洁衬底样片表面，为成核处理衬底表面做好准备。真空中的清洁处理通常按以下步骤进行：

（1）把衬底样片放置在石墨衬底座上，并开始抽真空。

（2）用高纯氢气反复冲洗整个系统几次后，抽高真空，并给衬底加热。

（3）当反应室真空度达到 $2×10^{-3}$ Pa 后，关闭扩散泵及高真空阀，同时通入高纯氢气使反应室压强达 120 Pa 左右，将热丝温度升至 1950℃ 左右，并施加直流偏压开始对衬底表面进行氢等离子体刻蚀处理 5～20 分钟，以达到进一步清洁衬底表面（除去氧化层）之目的。

2. 金刚石的成核工艺设计

气体总流量为 200～350 sccm，其中 CH_4 气体与 H_2 的比例为 8～20％，反应气体分配器出口处气体的流速大于 60 cm/s，反应室压强控制在 100～500 Pa 之间，在衬底与热丝之间施加一个直流负偏压和一个 13.56 MHz 的射频电压（100～300 W 的射频功率），衬底温度控制在 800～900℃ 之间，热丝温度控制在 1950～2150℃ 之间，持续成核时间为 20～120 分钟。然后开始进入金刚石生长阶段。

3. 金刚石薄膜的生长工艺设计

完成成核阶段后，撤除直流负偏压，继续保留射频电压（100～300 W 的射频功率），同时将甲烷和氢气的气体流量比降低到 0.5％～4％ 之间，反应室压强调整到 $2×10^{-3}$～$1×10^{-4}$ Pa 之间，气体总流量控制在 300～500 sccm 范围内，反应气体出口流速大于 60 cm/s，衬底温度调整为 700～950℃ 之间，热丝温度调整为 1900～2050℃ 之间，射频功率控制在 100～300 W 之间。热丝到衬底的距离在 3～10 mm 之间，为提高生长速率，还可适当掺入微量的 O_2 或 N_2。

【实验结果与数据处理】

实验所得产物参照实验十一至实验十四进一步进行微观结构与形貌的表征。

【注意事项】

（1）升钟罩时应手扶钟罩慢慢升起，防止振动过大。

（2）待反应结束后，应缓慢调节钨丝温度到最低挡（约五分钟一挡）。

（3）扩散泵加热抽高真空（半小时到一小时）后，再开复合真空计测高真空。

【思考题】

1. 影响薄膜生长的因素有哪些？
2. 温度对金刚石薄膜的成膜质量有什么影响？
3. 如何选择衬底材料？

实验七 磁控溅射法制备 SnO_2 薄膜

薄膜工艺是半导体工艺中一个重要的工艺技术,随着半导体行业的快速发展,对镀膜工艺的要求越来越高。薄膜的制备方法可以分为物理气相淀积(Physical Vapor Deposition,PVD)法和化学气相淀积(Chemical Vapor Deposition,CVD)法。磁控溅射镀膜是物理气相淀积法中的一种,广泛应用于电子、建筑、汽车等行业中,尤其适用于大面积镀膜。磁控溅射镀膜具有高速、低温、几乎可以溅射任何材料的特点,现在已经成为应用最广泛的薄膜制备方法之一。

SnO_2 半导体材料因其优异的光学、电学和磁学性能,因此具有广泛应用前景。主要体现在以下几个方面:

1. 气敏性能及应用

纳米 SnO_2 粒径小、表面活性高,表面存在着许多缺陷,对外界环境中的气体、温度、水分等物质敏感,属于优良的湿敏、气敏、热敏、压敏性材料。

2. 红外低发射性能及应用

SnO_2 是一种宽带隙 n 型半导体材料,室温带隙宽度约为 3.6eV。SnO_2 的载流子处于一种等离子体状态,其等离子波长处于红外区域,可见光波长小于等离子波长,SnO_2 对可见光透明,所以 SnO_2 薄膜在导电透明材料中有着潜在应用前景。

3. 催化性能及应用

处于纳米尺寸的 SnO_2 具有催化剂作用,是碳氢化合物氧化的优良催化剂,Pt、Sb、Pd 掺杂后可提高其选择性。

4. 电池负极材料应用

SnO_2 材料具有特殊的孔道结构,可用作离子交换剂,也可作为电池负极材料,具有嵌锂容量大、倍率性好、循环性能好等优点。SnO_2 薄膜在太阳能电池中可起到减反光学入射的作用,能有效利用光能,F 掺杂后可以得到良好的太阳能电池导电膜。

【实验目的】

1. 掌控磁控溅射镀膜的工艺原理和在基片上沉积 SnO_2 薄膜的工艺过程。
2. 掌握磁控溅射仪器的操作方法。

【实验原理】

溅射是一个复杂的散射过程，同时还伴随着多种能量传递机制。溅射与蒸发的不同之处：加热蒸发是能量转移过程，而溅射是动量转移过程，所以溅射出的粒子是有方向的。离子和固体表面相互作用及各种溅射都伴随着离子轰击，或由固体表面溅射出中性原子或分子等多个作用过程。溅射时，通常是让被加速的正离子轰击阴极靶，故也称此过程为阴极溅射。

溅射镀膜是基于载能离子轰击靶材时的溅射效应，而整个溅射过程都是建立在辉光放电的基础之上的，即溅射离子都来源于气体放电。辉光放电是在真空度约为 0.1～10Pa 的稀薄气体中，两个电极之间加上电压，而产生的一种气体放电现象。气体放电时，两电极间的电压和电流的关系不能简单地用欧姆定律来描述，因为二者之间不是简单的线性关系。第一阶段，开始加电压时，电流很小，称为暗光放电阶段；第二阶段，随电压增加，有足够高的能量作用于载能粒子，载能粒子与电极碰撞产生更多的带电荷粒子，大量电荷使电流稳定增加，而电源的阻抗限制着电压，称为汤逊放电阶段；第三阶段，电流突然自动增大，两极电压迅速下降，称为过渡阶段；第四阶段，电流与电压无关，两极产生辉光，当增加电源电压或改变电阻来增加电流时，两极间的电压几乎维持不变，称为辉光放电阶段；第五阶段，再增加电压时，两极间的电流会随电压增大而增大，称为非正常放电；第六阶段，两极间电压降至很小的数值，电流的大小几乎是由外电阻的大小来决定的，而且电流越大，极间电压越小，叫做弧光放电阶段。溅射过程就是辉光放电阶段。

放射出的二次电子是溅射中维持辉光放电的基本粒子，并使基板升温，其能量与靶的电位直接相关。正二次离子对溅射过程是不重要的，它只在做表面分析的二次离子质谱术中应用。如果表面是纯金属，工作气体是惰性气体，则不会产生负离子，另外溅射过程中还伴随有气体吸附、加热、扩散、结晶变化和离子注入等现象。溅射过程中的能量分配是不均匀的，大约95％的能量以热能的方式被损耗掉，只有5％的能量传递给二次发射的粒子。例如，在1 kV 的离子能量下，溅射的中性粒子、二次电子和二次离子之比大约为100：10：1。

但是，在普通溅射下，由于靶材溅射出的电子容易在电场的作用下直接以高速轰击基底，对沉积的薄膜造成损伤，为了改进这一缺陷，可以采用磁控溅射。所谓磁控溅射，就是在二极溅射的基础上在与靶表面平行的方向上施加一个磁场，使靶材表面发射的二次电子只能在靶材表面附近的封闭等离子体内作圆周式运动。实际上它们的运动轨迹是很复杂的，不仅跟电场、磁场的强度和分布有关，而且还跟电子电离时的运动状态有关。二次电子在阴极区的行程增加，造成二次电子与气体分子碰撞几率增加，电离效率提高；同时减少了二次电子对基片的轰击，因此可实现低温溅射，进一步提高真空溅射镀膜的效率和质量。

在磁控溅射系统中，一次电子（在等离子体中 Ar 原子电离出来的电子）有两个特点：其一，运动路径由直线运动变成了螺旋运动，运动路程大大增长，因此，它同 Ar 原子的碰撞几率明显增加，最终使得 Ar 原子的离化率大大提高。其二，某些可能飞向衬底的一次电子由于受磁场影响而作螺旋运动，与 Ar 原子碰撞的几率增加，到达衬底表面的电子数量减少，电子能量大幅度减小，从而对衬底上的薄膜因轰击而损伤的程度也大为降低。

磁控溅射中的放电过程是异常阴极辉光放电过程，放电产生的等离子体为 Ar^+，尽管也受到磁场同样的洛伦兹力，但由于 Ar^+ 靠近阴极，且其质量大（1860 Me），惯性很大，当

Ar^+ 跑向靶面时，受磁场的影响是很小的。因此，大离子基本上是垂直撞击靶面的。靶材表面原子由于受高能 Ar^+ 轰击而被轰出表面。当溅射的原子到达衬底后，由于粘附力的作用，其中大部分沉积在衬底上形成薄膜。磁控溅射放电基本上克服了二极溅射的低速高温的致命缺点，沉积速率较后者大为提高。同时，它又保持了溅射镀膜的优点，即溅射粒子到达衬底时动能很大，因而粒子在衬底表面的扩散速率相应增大，薄膜生长过程中的阴影效应相应减少。这样，薄膜中的空隙变得更小、更少，薄膜更致密。同时，又由于粒子到达衬底时动能很大，因而与衬底的结合很牢固。为了提高靶的溅射功率密度，需要在靶材表面附近聚集高密度的等离子体，使大量的离子射向靶。所以，在靶材表面附近的电场上加一个正交磁场，从而实现磁控管放电，使电子沿着连续的轨迹在靶周围运动。另外，在靶上加射频电压，使电子做更长距离的运动，与气体原子产生更多的碰撞。这样气体又得到更加充分的电离，从而增强溅射效果。

磁控溅射就是用磁场来改变电子的运动方向，并束缚和延长电子的运动轨迹，提高电子对工作气体的电离几率从而有效利用了电子的能量，使溅射速率达到了电子束的水平，具有低温、高速两大特点。

【实验仪器】

本实验使用的仪器是北京创世威纳科技有限公司生产的 MSP－3200C2 型磁控溅射热蒸发镀膜系统。

【实验内容与步骤】

1. 清洗衬底

(1) 将烧杯用去污粉清洗二到三遍，用去离子水冲洗，烘干。

(2) 若衬底为硅片，则用氢氟酸溶液(1∶10)浸泡 5 分钟去除硅表面的氧化层，碳布衬底不经过此步骤。

(3) 在已烘干的烧杯内先倒入丙酮，再倒入相同体积的四氯化碳，混合均匀后，将已切好的衬底放入准备好的超声波清洗器中清洗 20 分钟。

(4) 20 分钟后，将丙酮和四氯化碳混合液倒出，再向烧杯内导入适量无水乙醇，再次放入超声波清洗器中振荡 20 分钟。

(5) 20 分钟后，倒出无水乙醇，用去离子水超声清洗 20 分钟。

(6) 将清洗干净的样品放入无水乙醇中，利用乙醇易挥发的特性，取出后放到滤纸上用吹风机吹干后迅速放到磁控溅射设备的样品室内。

2. 溅射镀膜

(1) 准备工作：检查靶材是否为 SnO_2 靶材，然后开启冷却水循环系统、空气压缩机、设备总电源开关和射频电源开关。

(2) 打开 C 室放置样片，然后对 A(非金属室)、B(金属室)、C(预真空室)室进行抽低真空，直到 A 室气压为 $3×10^{-1}$ Pa，且三个室间的气压差不超过 5Pa。

(3) 将操作系统切换到传送系统界面，打开 AB 与 BC 室间真空锁，操作机械手将一组衬底从 C 室送入 A 室样片台上放好，机械手撤回，关闭 BC、AB 室间真空锁（注意：通过机械手送样片时一定要特别小心，要注意样片架位置，不要选择错误）。

（4）关闭 A 室预抽阀，打开前级阀、分子泵、插板阀对 A 室进行抽高真空，直到 A 室的气压为 5×10^{-4} Pa。

（5）将操作界面切换到工艺系统，调整 A 室温度为 250℃，转速为 1 r/min，直到温度稳定以后，关闭 A 室真空计，打开氩气气体通路，通入实验气体，通过调整插板阀的数值调节 A 室内的气压到 5 Pa。

（6）打开射频电源 1（功率参数设置为 100 W），观察 A 室是否起辉。

（7）起辉之后，通过调节插板阀的数值调节 A 室内的气压到 1 Pa，进行预溅射（一般 15 分钟即可，为提高靶材洁净度，也可适当延长预溅射时间）。

（8）预溅射完成后，将 Ar 气参数设置为 30 sccm，同时打开 O_2 气通路，将参数设置为 10 sccm，然后通过调节插板阀的数值调节 A 室内的气压到 0.5 Pa，再依次打开 A 室偏压和靶前挡板进行正式溅射镀膜。

（9）溅射完成后，关闭射频电源、靶前挡板、工作气体、升温装置、偏压电源等，降温至 150℃以下，将样片由溅射室送至样品室，给样品室充气两次后室内外达到压强平衡后取出样品。

【实验结果与数据处理】

实验所得产物参照实验十一至实验十四进行微观结构与形貌的表征。

【注意事项】

（1）当真空室充气完毕后，确信真空室内已处于大气状态，才可进行升盖操作，否则易损坏升降系统。

（2）系统运转过程中，操作者不要长时间离开，以免在发生特殊情况时，不能及时处理。

（3）每次做完实验后，真空室要抽真空极限、气路保留一个大气压压强后，再关机。

（4）在设置工艺参数和打开射频电源之前，关闭真空计。

（5）每次开机做实验前，样片架必须进行复位操作（即原始位）。

（6）操作时必须耐心等待，完成前一操作后再进行下一步（因传送系统实际进度和数控显示不同步）。

（7）在不打开 C 室的情况下，进行样片的取、送时应在预抽阀的状态下。

（8）关盖后最好抽真空，不使用仪器时腔室最好在真空里，防止大气中水蒸气污染腔室。

（9）减压表向左旋转为关闭，即减压阀松动。做完实验应关闭减压阀和气体瓶旋钮。

（10）做完实验关闭系统前，应保证减压表内有压强显示，禁止减压表数值为 0 Pa（以防减压表内外压强平衡失调，造成减压表损坏）。

【思考题】

1. 靶材无法起辉的原因有哪些？应该怎么操作？
2. 仪器使用过程中应注意哪些事项？

实验八　氨化法制备 GaN 粉体及薄膜材料

GaN 材料是一种宽禁带直接带隙半导体材料，具有高发光效率、高热导率、耐高温、耐酸碱、高强度、高硬度等特性，可以实现从红外到紫外全可见光范围的光发射，是制备蓝、绿发光二极管和激光二极管的理想材料。目前 GaN 主要用来制造高速及微波器件、电荷耦合器件、动态存储器、高亮度蓝光和绿光发光管、紫外探测器等。

由于溶胶-凝胶法具有工艺简单、成本低廉和生长温度低的优点，因而本实验采用溶胶-凝胶法和氨化法相结合的方法制备 GaN 粉体材料。同时，由于用溶胶-凝胶法制备的 GaN 薄膜质量较差，而磁控溅射法制备薄膜具有低温、高效、成膜一致性好等优点，因而本实验采用磁控溅射法和氨化法相结合的方法制备 GaN 薄膜。

【实验目的】

1. 掌握溶胶-凝胶法与氨化法相结合的方法制备 GaN 粉体材料的工艺流程。
2. 掌握磁控溅射法与氨化法相结合的方法制备 GaN 薄膜材料的工艺流程。

【实验原理】

1. 溶胶-凝胶法与氨化法相结合制备 GaN 粉体

溶胶-凝胶法是指金属有机或无机化合物经过溶液、溶胶、凝胶而固化，再经热处理而形成固体化合物的方法。本实验采用 Ga_2O_3 粉末作为 Ga 源，溶解于发烟硝酸中得到 $Ga(NO_3)_3$-HNO_3-H_2O 混合溶液，进而加入调节剂柠檬酸，然后用氨水调节体系的 pH 值至中性得到乳白色溶胶，系统冷却后形成凝胶。最后，将乳白色凝胶置于氨气气氛中进行热处理，最终获得 GaN 粉末。

2. 磁控溅射法与氨化法相结合制备 GaN 薄膜

磁控溅射的工作原理如图 8.1 所示。电子在电场 E 的作用下，在飞向基片的过程中与氩原子发生碰撞，使其电离出 Ar^+ 和一个新的电子(二次电子)，电子飞向基片，Ar^+ 在电场作用下加速飞向阴极靶，并以高能量轰击靶表面，使靶材发生溅射。在溅射粒子中，中性的靶原子或分子则沉积在基片上形成薄膜。二次电子在磁场和电场的共同作用下，跳跃式朝电场 E 和磁场 B 所指的方向漂移，使其被束缚在靠近靶材表面的等离子体内，并且使得该等离子体内电离出大量的 Ar^+ 离子轰击靶材，从而提高了沉积速率。在碰撞的过程中，二次电子的能量逐渐消耗殆尽，最终在电场的作用下沉积在基片上，同时传给基片的能量也非常低。

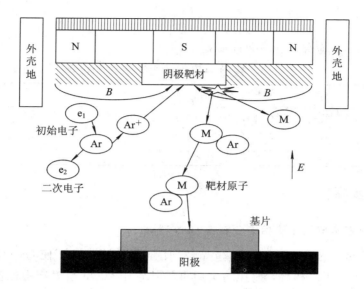

图 8.1　磁控溅射的工作原理图

本实验采用氧化镓陶瓷靶(Ga_2O_3)作为 Ga 源,在腔内进行溅射镀膜,并在衬底上得到 Ga_2O_3 薄膜。然后以氨气(NH_3)作为 N 源,将 Ga_2O_3 薄膜放置于 NH_3 气氛中进行氨化处理,最终在衬底上获得 GaN 薄膜。

【实验仪器】

1. 溶胶-凝胶法

实验中用到的主要试剂和仪器见表 8.1。

表 8.1　实验中用到的主要试剂和仪器

试剂	Ga_2O_3 粉末(光谱纯)、柠檬酸(分析纯)、无水乙醇 C_2H_5OH(分析纯)、浓氨水(25%～28%)、发烟硝酸($HNO_3 > 95\%$)、乙二胺($H_2NCH_2CH_2NH_2$,分析纯)
仪器	马弗炉(型号:SX2-5-12)

2. 磁控溅射法

实验中用到的主要材料和仪器见表 8.2。

表 8.2　实验中用到的主要材料和仪器

溅射靶材	氧化钾陶瓷靶(Ga_2O_3),纯度 99.99%
反应气体	氩气(Ar),纯度 99.99% 氮气(N_2),纯度 99.99%
衬底	Si(110)
仪器	磁控溅射热蒸发镀膜系统(MSP-3200C2) 超声波清洗器(型号:KQ2200DB)

3. 氨化法

实验中用到的主要气体和仪器见表 8.3。

表 8.3　实验中用到的主要气体和仪器

气体	高纯氨气(NH_3)，纯度均为 99.99%
仪器	管式气氛炉(型号：TCW - 32B) 氨气减压阀(型号：YQA - 401) 氨气流量计(型号：LZB - 4F)

【实验内容与步骤】

1. 溶胶–凝胶法与氨化法相结合制备 GaN 粉体

(1) 将 0.6 mol 的 Ga_2O_3 粉末与 20 ml 发烟硝酸相混合，为了使 Ga_2O_3 粉末充分溶解，先加入 100 ml 去离子水稀释，搅拌均匀后再将其置于 200℃恒温箱中保温 2 小时，得到 $Ga(NO_3)_3$-HNO_3-H_2O 混合溶液。

(2) 取上述制备的 $Ga(NO_3)_3$-HNO_3-H_2O 溶液 20 ml，按镓与柠檬酸(CA)的摩尔比为 1∶1 的比例加入柠檬酸。然后，在 80℃下搅拌并缓慢加入氨水调节 PH 值至中性，继续搅拌 30 min 可得到乳白色溶胶。整个系统停止加热，待冷却稳定后形成凝胶。

(3) 将所得凝胶在马弗炉中 400℃下预处理 2 小时，将在凝胶制备过程中残留的有机物充分分解、挥发。

(4) 将马弗炉中煅烧的产物置于干净的石英舟内，放入管式气氛炉中，按 500 ml/min 的流速先通氮气排出管中的空气，再以同样的稳定流速通入氨气，在 950℃下保温 90 min，得到最终的产物 GaN 粉末。

2. 磁控溅射法与氨化法相结合制备 GaN 薄膜

(1) 对 Si 衬底进行预处理。将 Si 衬底放在四氯化碳和丙酮的体积比为 1∶1 的混合溶液中，将烧杯置于超声波清洗器中清洗 15 min，将 Si 衬底表面的有机物清洗干净。取出 Si 衬底，分别放在无水乙醇和去离子水中清洗 15 min，得到表面干净的 Si 衬底。

(2) 打开磁控溅射热蒸发镀膜系统，调节机械手将 Si 衬底传送至溅射腔室中的转盘上，打开机械泵和分子泵组成的抽气装置，将本底压强抽至 8.7 Pa，并将衬底温度设置为 600℃，打开转盘旋转，设置转速为 5 转/min。

(3) 待衬底温度达到 600℃时，关闭真空计，打开 Ar 和 N_2 气阀，调节流量计，使得 Ar 和 N_2 的流量均为 20 sccm。

(4) 将溅射功率设置为 150 W，打开射频电源，调节插板阀起辉。

(5) 起辉之后，再次调节插板阀，使得溅射气压达到实验需要的工作气压 0.8 Pa。

(6) 对靶材进行预溅射 15 min，除去靶材表面可能存在的氧化层和杂质。

(7) 设置溅射所需要的时间为 30 min，打开挡板，进行溅射镀膜。

(8) 待溅射完成后，依次关闭挡板、射频电源、升温装置、转盘、气阀。

(9) 打开真空计，将插板阀完全打开，抽腔室尾气一段时间(15 min)。

(10) 待衬底温度降至 200℃以下，调节机械手，将样品取出。

（11）将上述的样品取出之后放入石英舟内，并置于管式气氛炉中，按 500 mL/min 的流速通入稳定气流氨气，在 900℃的温度下保温 2 h 得到 GaN 薄膜。

【实验结果与数据处理】

实验所得产物参照实验十一至实验十四进行微观结构与形貌的表征。

【注意事项】

（1）在溶胶-凝胶法中，加入氨水调节 PH 值时，用胶头滴管取溶液少许滴到 PH 试纸上，不要将 PH 试纸直接放入溶液中以防污染溶液。

（2）采用溶胶-凝胶法氨化时，一定要先排管式气氛炉里面的空气以防混入杂质气体。

（3）采用磁控溅射法制备薄膜，腔室内的压强较高时易于起辉。

（4）待溅射结束之后，需等衬底温度降到 200℃之下才可取样品。

【思考题】

1. 为什么要对衬底和靶材进行预处理？
2. 为什么要待衬底温度降到 200℃之下才能取出样品？

实验九　丝网印刷工艺

丝网印刷是一种古老的印刷方法，其基本原理是：将真丝、合成纤维丝或金属丝编织成网，将其绷紧于网框上，采用手工刻膜或光化学制版的方法制成网版，网版上只留下图文部分可以透过油墨，而非图文部分的网眼全部被堵死，透不过油墨。丝网印刷同其他印刷方法相比具有以下特点：成本低，见效快；适应不规则承印物表面的印刷；附着力强、着墨性好；墨层厚实、立体感强；耐光性强、成色性好；承印物广泛；印刷幅面大。

丝网印刷工艺是孔版印刷术中的一种主要的印刷方法，因其独特的优点，被广泛应用在电子工业、陶瓷贴花工业、纺织印染行业和包装装潢、广告、招贴标牌等行业。本实验通过丝网印刷工艺印刷电路板，也就是在绝缘材料上按照预定设计制成印制线路、印制元件或两者组合而成的导电图形。

【实验目的】

1. 熟悉和掌握手动丝网印刷电路板的方法，通过课程设计锻炼学生的动手操作能力和理论与实践相结合的能力。

2. 弄清楚影响丝网印刷质量的因素，并能够分析印刷品的质量及故障产生原因。

【实验原理】

孔板印刷与凸版印刷、凹版印刷、平板印刷并称现代四大印刷术，丝网印刷是孔版印刷的一种主要印刷方法，这种印刷方式与平版、凸版、凹版印刷的最大不同是：丝网印刷是油墨从印版的施墨面透过印版转向承印物的，而其他三种印刷方式则是油墨从印版的施墨面向承印物转移的。丝网印版的图文部分是能够透过油墨的网孔，而空白部分是一层封闭的版膜。传统的制版方法是手工的，现代较普遍使用的是光化学制版法。这种制版方法，以丝网为支撑体，将丝网绷紧在网框上，然后在网上涂布感光胶，形成感光版膜，再将阳图底版密合在版膜上晒版，经曝光、显影，印版上不需过墨的部分受光形成固化版膜，将网孔封住，印刷时不透墨；印版上要过墨的部分的网孔不封闭，印刷时油墨透过，在承印物上形成墨迹。其印刷过程是：固定好印版，调整好网距，确定承印物的位置，当丝网印版与承印物脱离时，用丝印刮板或回墨刀把油墨均匀地覆满于版面，使每个通透的网孔充满油墨，由于油墨具有一定的粘度和稠度，附着力和内聚力使油墨在网孔中而不会滴落。然后，用刮板或回墨刀以一定的刮印压力和角度压下丝网印版，使之与承印物接触，形成一条压印线，从而将网孔中的油墨转移到承印物上。由于丝网印版与承印物表面有一定的距离（网距），丝网有一定的回弹力，因此，刮印过后，丝网立即与承印物脱离。取出印刷品，即可进行下一次印刷。

【实验仪器】

本实验需要用到丝网、网框、感光胶、丝印油墨、刮墨板、承印物纸张、晒版机、紫外灯等。

【实验内容与步骤】

（1）采用电路图设计软件 PROTEL 设计好电路图，用激光打印机将其打印在 A4 的激光打字膜上。

（2）将丝网绷紧在木框上，然后用专用打钉机或胶水将丝网固定，再用去污粉或洗涤剂将丝网上的油污洗去并吹干。

（3）涂布感光胶。用塑料三角板或不易掉毛的平毛刷将感光胶刮涂在丝网上，均匀地上下刮动，运动中不要停顿，使感光胶均匀地涂在丝网上。一般网框内侧丝网面可刮涂两次，接触承印物一侧丝网可刮三次，切记每次刮涂后均需用电吹风烘结膜之后再刮涂第二次。

（4）烘干。烘干温度以 30～40℃为宜，烘干时间最好在 30 分钟以内。如果烘干温度偏高，则结膜太快；若温度偏低，则会导致感光时间延长，显影困难。烘干时间和温度对制版的质量有密切的关系，应严格控制。

（5）晒版。光源应使用紫外光源，将 20～40 W 的灯管排列间距为 3 cm，光源距版面约 15 cm，感光时间由光源强弱实验测定。

（6）显影。感光后印版立即浸泡在温水中约 2～3 分钟，浸泡后用水枪冲洗显影，亦可用显影剂浸泡 20～30 秒显影。

（7）快速吹干。将显影后的版平放，用电吹风将图案部分快速吹干，电吹风与版面相距 20 cm 左右为宜。

（8）印版修补。印版修补是必须进行的过程之一，也是产品质量的有效保证，修补时，油性版用油性感光胶、封网胶均可。

（9）二次感光。经修补后进行第二次感光，其目的是增强交联强度，硬化版膜，操作方法同第一次，时间为 12～15 分钟，日晒为 7～10 分钟。

（10）印刷。把丝版放在裁好的敷铜板上，网上的图形与敷铜板对准，将少许快干耐腐蚀印料倒在丝网上，然后用三角板在丝网上刮动，在下面的敷铜板上即可得到与原稿一样的图形。

（11）腐蚀。将敷铜板放在三氯化铁溶液中腐蚀，即可在敷铜板上留下了与原稿一样的图形。

【实验结果与数据处理】

对于丝印好的新电路板，首先应大致观察一下是否存在问题，例如：是否有明显的裂痕，有无短路、开路等现象。如果有必要的话，可以通过采用测量电源跟地线之间的电阻是否足够大等方法来调试电路板，以确定其功能是否正常。

【注意事项】

（1）手工绷网需要张力分布平衡。

（2）表面粗糙的吸收性的承印物，要达到最佳的墨层遮盖率，需要较多的墨量，因而选用较粗的丝网。

（3）一般油墨的颜料颗粒比较细微，油墨通过性好，这种油墨使用高目数丝网时也能很好地通过；而颜料浓度高的油墨，尽管颗粒细微，但其通透性较差。

【思考题】

1. 由于应力松弛现象，绷网时应如何正确操作？

2. 为了保证丝网印刷质量，对丝印制版的质量要求主要有哪几个方面？

3. 丝网印刷的特点是什么？

实验十　真空镀膜及电极制备

　　磁控溅射是在普通溅射技术基础上发展起来的一种广泛应用于薄膜制备的真空镀膜技术。该技术是利用工作气体在电极间强电场作用下电离产生高能离子高速冲击负极靶材表面，在碰撞过程中高能离子将电场能传递给靶材表面原子，从而使靶材表面的原子逸出形成溅射流的过程。磁控溅射镀膜是基于荷能离子轰击靶材时的溅射效应，整个过程都是建立在辉光放电的基础上，即溅射离子都来源于气体放电。

【实验目的】

　　1. 了解磁控溅射镀膜的基本原理。
　　2. 了解仪器参数设置对成膜质量的影响。
　　3. 掌握采用磁控溅射镀膜技术在 Si(100) 片上镀 Cu 电极的工艺流程。

【实验原理】

　　磁控溅射镀膜原理如图 10.1 所示。从图上可以看到靶材处于负高压电位且其背面是永磁铁，这样便形成了正交电场与磁场。初始电子(见图 10.1 中的 e_1)在电场 E 的作用下飞向处于阳极位置的基片，在其行程上与氩原子碰撞，氩原子电离成一个 Ar^+ 和一个新的

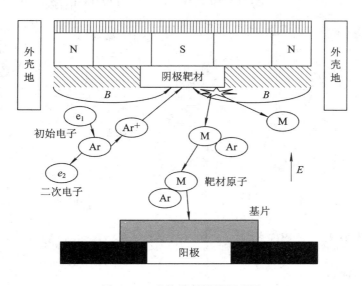

图 10.1　磁控溅射镀膜原理图

电子，Ar^+ 在电场作用下加速飞向处于负高压的靶材，在 Ar^+ 的轰击下溅射出来的靶原子飞向基片而沉积，最后在基片上形成薄膜。在碰撞电离过程中，Ar 原子产生的新电子称为二次电子(见图 10.1 中的 e_2)。二次电子与初始电子一样，在电场力和洛伦兹力的作用下，在靶材附近围绕磁力线做螺旋运动，于是电子的运动轨迹大大加长，从而其与氩原子碰撞的几率也大大增加，通过碰撞产生更多的 Ar^+ 轰击靶材，使得溅射速率大幅度提高。二次电子经过多次碰撞后能量逐渐降低，同时也逐渐远离靶材，在电场的作用下最终沉积到基片上。

【实验仪器】

本实验采用 MSP-3200C 型磁控溅射仪进行薄膜制备。此外，实验中还用到的仪器和材料有：超声波清洗器、氩气、铜靶、硅片等。其中，作为基片的硅片是单面抛光的高纯度 N 型单晶 Si(100)，其电阻率约为 0.0035 $\Omega \cdot cm$，厚度约为 35 μm。

MSP-3200C 型磁控溅射设备原理简图如图 10.2 所示，其中控制单元包括：真空系统、工作压强控制系统、电源及自动匹配系统、气体流量控制系统、加热系统、运动控制系统、系统监控及数据采集等。该设备的操作方式分为电脑控制下的全自动方式或半自动方式。

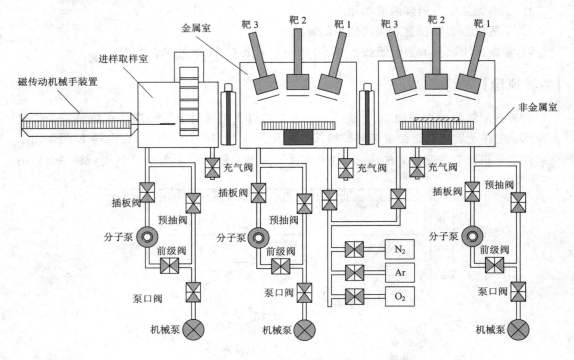

图 10.2 MSP-3200C 型磁控溅射设备原理简图

【实验内容与步骤】

1. 基片前处理

基片前处理的目的是清理基片表面的油污、积垢、氧化物、锈蚀等，确保基片表面平整、清洁、光亮，以提高膜层和基片的附着强度。如果基片表面抛光不平，未彻底清洁，存在附着物、锈斑或氧化物，则在镀膜时这些缺陷处易出现点状针孔、剥落、"发花"等现象。

一般而言，基片的前处理工艺流程大致相同，但对具体的基片，考虑到其自身的特性，其前处理方法要适当调整。本实验用到的基片为硅片，表面基本干净，处理过程如下：从大片的硅片上划取适当尺寸（约 2 cm×4 cm）的硅片，放入装有酒精的烧杯中，将烧杯放入超声波清洗器 15 分钟后，拿出烧杯并用镊子夹住硅片，缓慢竖直提出，检查硅片是否已经清洗干净，然后将清洗干净的硅片放在烘箱中烘干。

2. 操作流程

（1）打开循环冷却水机和空气压缩机。

（2）打开设备总电源开关和射频电源开关。

（3）打开预真空室（C 室）放基片。

（4）选择好片架，通过机械手往非金属室（A 室）或金属室（B 室）传送基片，注意片架位置，不要选择错误。送样片时一定要特别小心。

（5）通过预抽阀将 A 室或 B 室抽低真空。

（6）通过分子泵将 A 室或 B 室抽高真空，直至等本底真空度达到 10^{-5} Pa。本底真空越高，实验结果越准确。

（7）设置合适的基片加热温度（温度设置范围为 0～800℃），同时根据需要设置好基片台旋转速度（转速设置范围为 0～25 r/min）。

（8）关闭真空计，打开气路阀门通实验气体（实验气体流量可调范围为 0～100 sccm）。如果需通反应气体（N_2 或 O_2），应查看实验记录保证所通反应气体与前一个实验相同。反之，应将管内残余气体抽空后再开始通入新的气体。

（9）通过调节插板阀的开度实现反应室工作压力调节。

（10）选择靶位对应的电源，然后打开开关。

（11）设置合适的电源功率（电源功率选择范围为偏压电源的电压 0～800 V，射频电源 0～500 W，直流电源 0～1000 W），打开电源起辉进行预溅射。若此时未产生辉光，需把工作气压调高些，等起辉后，再把气压调至实验工艺所需的气压。

（12）打开对应靶位挡板，进行溅射镀膜。

（13）溅射完毕，关闭加热系统、基片台旋转电机和气路阀门，并将气体流量设置为 0 sccm。

（14）打开真空计，同时将插板阀完全打开，抽腔室尾气一段时间（约 5 - 10 分钟）。

（15）降温。若加热温度较高，需将温度降至 200℃ 以下才能取出溅射好的基片。

（16）取样片。通过机械手取样片时，一定要特别小心，要注意片架位置，不要选择错误。

3. Cu 薄膜电极制备

本实验采用磁控溅射法制备 Cu 薄膜电极，分别研究射频功率、腔内压强和溅射时间对 Cu 薄膜电极微观结构和导电性能的影响，工艺参数如表 10.1 所示。制备 Cu 薄膜电极的工艺流程如下：

表 10.1 实验参数设定

样品编号	溅射气压/Pa	溅射功率/W	溅射时间/h
A1	0.2	140	0.5
A2	0.4	140	0.5
A3	0.6	140	0.5
A4	0.8	140	0.5
B1	0.4	80	1
B2	0.4	120	1
B3	0.4	140	1
B4	0.4	160	1
C1	0.5	60	0.5
C2	0.5	60	1
C3	0.5	60	1.5
C4	0.5	60	2

（1）样品与靶材放入。打开冷却水、空气压缩机和系统总电源，将靶材固定在基座上，将基片及掩膜版放在相应的基底位置，以获得想要的电极形状及电极位置。

（2）系统抽真空。检查并确定真空腔各个阀门是否都处于关闭状态，确定冷却水系统是否处于正常工作状态，水流是否通畅。启动机械泵，打开手动角阀，用机械泵对主真空室抽气。打开真空计，当压强降到 10 Pa 以下时，打开分子泵电源开关和挡板阀，用分子泵抽真空。

（3）镀膜。当气压抽到所需要的本底真空度时，开始镀膜。打开所需工作气体钢瓶阀门和相应的减压阀，调节气体流量为 20 sccm。适当关闭插板阀，使气压维持在 1～5 Pa。打开直流电源开关，预热 5～10 分钟，开启直流电源，调节功率，使真空室辉光放电。

（4）镀膜完成后，开始关机。关机顺序为：关闭直流电源、质量流量计、各路进气阀门；完全打开插板阀，抽至高真空，关闭插板阀；关闭分子泵电源，待转速显示减少到 0 时，10 分钟后关闭电磁阀和机械泵；最后，关闭总电源和冷却水。

【实验结果与数据处理】

将制备好的电极进行金相显微镜或 SEM 测试以检测电极制备质量。

【注意事项】

1. 系统

（1）开机前，先检查水箱内水位是否低于警戒线，然后通冷却水。

（2）机械泵必须先于分子泵打开，在分子泵停稳后再关闭机械泵。

（3）自动运行操作模式下，操作人员应时刻注意操作面板上的提示信息，以便及时处理出现的情况。

（4）在手动操作模式下，应特别注意插板阀的工作状态，系统已经设定插板阀允许打开的条件，条件不满足时不能打开，若强行打开，则插板阀损坏。

（5）打开溅射室钟罩之前，必须先关上插板阀和预抽阀，然后打开充气阀向真空室内充气，等待充气过程完成，方可打开钟罩。

（6）当真空室充气完毕后，确信真空室内已处于大气状态，才可进行升盖操作，否则容易损坏升降系统。

（7）关闭分子泵前，先关闭插板阀。

（8）注意工作中不要触碰到控制显示屏上，以免发生误操作或断电现象。溅射过程中，若不使用控制显示屏或操作人员有事暂时离开，可将显示屏锁屏。

（9）系统运转过程中，操作者不要长时间离开，以免在发生特殊情况时，不能及时处理。

（10）工控机内 C 盘的内容需务必保护好，不能随意修改或删除，否则程序将不能正常运行。

（11）每次做完实验后，真空室要抽真空至极限值，气路保留一个大气压强后再关机。

2．设备

（1）送样、取样时应戴手套。

（2）靶材的换取必须戴手套，靶材取下后应放入准备好的干净容器。

（3）安装靶材时应保证靶材水平，以免对设备和实验造成不良影响。

（4）各种内部设备的清洗可使用丙酮或无水乙醇，严禁使用水清洗，因为水会对真空系统造成严重影响。

（5）靶材的清洗可以使用去离子水、丙酮或无水乙醇，清洗完毕，吹干后安装或存放。

（6）靶材换取完毕后，用万用表检查靶的阴极和外壳是否短路。

3．溅射靶

（1）B 室靶 3 为强磁靶，只可以放磁性靶材。

（2）靶材可调间距 60～100 mm。

（3）预溅射的目的是为了清洁靶面，因此此时功率、压强可与实验工艺不同。为了方便起辉，压强可调大一些，功率可以调小一些。

4．分子泵

（1）打开分子泵前一定要通冷却水。

（2）在分子泵工作过程中不允许关闭机械泵。

（3）在使用分子泵时，打开预抽阀前关闭该室的真空锁。

（4）若忘记通冷却水，分子泵因过热而报警，则将机械泵及分子泵预抽阀打开，等待分子泵温度降低时，再通冷却水，防止因骤冷而损坏分子泵。

（5）分子泵开关较慢，分子泵关机后才允许关闭分子泵电源（分子泵驱动控制器）。

（6）分子泵严禁抽大气，在分子泵运行过程中若要打开钟罩，必须关闭插板阀。

5．机械泵

（1）不能长时间抽大气。

（2）机械泵必须先于分子泵打开，在分子泵停稳后再关闭。

（3）在机械泵初次运转时，请注意机械泵叶轮的旋转方向。若叶轮反转，会导致机械泵的油进入分子泵。

（4）排气管要通畅。

6. 真空计

（1）在真空室起辉前关闭真空计。

（2）A、B、C 室打开前应关闭真空计。

7. 真空系统

（1）真空系统应先进行预抽，保证在 3.5 Pa 以下时，才能打开分子泵抽取高真空。

（2）前级阀与预抽阀不能同时打开。

（3）分子泵在工作状态时应尽量保证前级阀打开，前级阀关闭过久对分子泵有一定的损坏。

（4）关闭钟罩后最好抽高真空，磁控溅射设备的腔室最好保存在真空里，以免大气中水蒸气污染腔室。

8. 减压表

（1）做完实验应关闭减压阀和气瓶总阀。

（2）减压表工作时应将示数调到 0.1 Pa，如果减压表示数过高，则应先抽空管内气体。

（3）做完实验关闭系统前，应保证减压表内有压强显示，禁止减压表示数为 0，防止减压表内外压强平衡失调，造成减压表损坏。

9. 气路

（1）共三路气体，包括 Ar、O_2 和 N_2。A 室只通 Ar 气体，B 室可通 Ar 和 O_2 或 N_2。

（2）O_2 和 N_2 共用一个质量流量计，实验时请注意不可同时通入 O_2 和 N_2。

10. 传送系统

（1）每次开机做实验前，基片架必须进行复位操作。

（2）由于传送系统实际进度和数控显示不同步，操作时必须耐心等待，完成前一步操作后再进行下一步操作。

（3）送样和取样时，应尽量打开观察灯观察，确保操作正确。

（4）进行溅射时，起辉后确保观察窗处于关闭状态，以免观察窗被污染。

（5）真空室相通时应保证气压相差不超过 10 Pa。

（6）在不打开 C 室的情况下进行基片的取、送时，应在预抽阀的状态下。

【思考题】

1. 为什么在通工作气体之前要将管内的残余气体抽空？

2. 靶材无法起辉的原因是什么？解决的办法有哪些？

实验十一　电子材料的 X 射线衍射(XRD)测试

X 射线衍射(XRD，X-Ray Diffraction)分析方法是材料微观结构表征最常规和最有效的方法之一，可实现无损的物相定性和定量分析，而且利用衍射峰位、衍射峰强度、衍射峰线形等信息可以进行材料微观结构的表征，例如：点阵常数的精密测定，晶粒尺寸和微观应变计算、宏观残余应力测定、结晶度计算等。

【实验目的】

1. 了解 XRD 测试的基本原理。
2. 掌握 XRD 测试方法。

【实验原理】

X 射线是短波长射线(0.06～200 nm)，是波长介于紫外线和伽马射线之间的电磁波。1895 年由 W·K·伦琴发现，故又称为伦琴射线。对于晶体而言，由于其周期性空间点阵各个共振体的间距是 $10^{-10}\sim10^{-11}$ m，可以作为 X 射线的衍射光栅，相互干涉而产生最大强度的光束称为 X 射线的衍射线。入射到相邻原子的两束 X 射线光程差 $\Delta=AO+OB$，$AO=OB=d\sin\theta$，$\Delta=2d\sin\theta$，如图 11.1 所示。发生干涉的必要条件是光程差等于波长的整数倍，即

$$2d\sin\theta = n\lambda \tag{11.1}$$

这就是著名的布拉格公式，式中 d 为晶面间距、θ 为衍射角、n 为衍射级数、λ 为 X 射线波长。应用已知波长的 X 射线来测量 θ 角，计算出晶面间距 d，用于 X 射线结构分析。

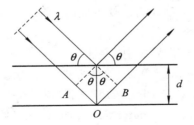

图 11.1　晶面的 X 射线衍射示意图

【实验仪器】

本实验使用的 XRD 衍射仪为岛津 XRD-6100 型，如图 11.2 所示。该仪器由 X 射线

发生仪、冷却循环水系统和计算机组成。

图 11.2 X 射线衍射仪照片

【实验内容与步骤】

1. 准备工作

（1）接通并打开总电源后，依次打开冷却循环水控制面板开关、X 射线发生仪开关（Power 灯亮）和计算机的电源开关。

（2）打开计算机，双击 PCXRD 图标，进入 XRD－6100 操作界面。

（3）X 射线管的老化。在操作界面中，单击 Display & Setup，弹出 Door Alarmcheck 窗口，关闭 X 射线衍射仪主机门，当 Door Open 前的方框显示为绿色时，单击 Close 按钮。将 Display or XRD System Parameter Setup Program 界面最小化（此窗口在实验过程中必须保持打开）。在操作界面中，单击 XG Control 项，出现 XG Control 控制界面，当左侧的 Water、OL、OV、OC、Shuuer 和 Door Open 前的方框均显示绿色，以及左下角显示 Ready 时，按老化程序依次进行老化。老化完成后，关闭 X 射线，关闭此窗口。

2. 测试样品

（1）样品的制备。粉末试样置于合金试样台的凹槽上，用载玻片压制成为平整致密的平面。当试样的量少到不能充分填满试样填充区（凹槽）时，可换用超微量样品台。当 X－Rays On 灯熄灭时，打开 X 射线衍射仪主机门，将放置有测试样品（粉末）的样品台插入载物台，圆形载物槽朝外。

（2）测定条件的设定。在操作界面中，单击 Display&Setup，弹出 Door Alarmcheck 窗口，关闭 X 射线仪主机门，当 Door Open 前的方框显示为绿色时，单击 Close 按钮。进行样品测试前需要校正角度，即单击 Rightcalib 选择 Theta－2Theta，仪器开始自动校正角度，将 Display or XRD System Parameter Setup Program 界面最小化。

（3）单击 Right Gonio Condition 进入 Untitled－Right Gonio System 设置测试条件，双击蓝色空白条进入设置界面。

（4）Scan Mode 下选择 Continuous Scan，Scan Axis 下选择 2Theta/Theta。

（5）Scan Range(Deg)处键入测量范围，通常从 20°测量到 80°；键入步长 Step(Deg)，默认值为 0.0200；键入扫描速度 Scan Speed(Deg/Min) 为 6.000，默认值为 2.000；键入电

压值 Voltage(Kv)，通常为 40.0；键入电流值 Current(Ma)，通常为 30.0。其余参数保持默认状态。

（6）设置完成后，单击 OK 按钮，弹出 File&Sample Condition Edit 界面，在 GroupName 中输入数据存放位置。Standard 为对照品数据统一存放处，Sample 为试样数据存放处。在 File Name 处输入试样名称（允许使用中文名称）。设置完成后，单击 New 按钮，关闭编辑窗口。

（7）在 Untitled - Right Gonio System 界面中选中方法。单击 Append 将方法导入Entry for Analysis 中，在 Right Gonio System 界面上单击 Start 按钮，开始测试试样。

3. 图谱分析

单击 Basic Process 进入分析界面，单击控制界面的 XRD Data 打开数据存储文件夹，选择所需分析的文件，并按住鼠标左键，拖拽至 Basic Process 界面，将 System Error Correction 设置为 Yes，单击 Calculate 键进行分析，单击 Data/Peak Information 进行相应处理后，点击右下角 Precise Peak Correction 右边对应的图谱，即可得到详细的结果列表。

4. 关机

实验结束后，必须在 Display or XRD System Parameter Setup Program 界面中单击 Right Calib 并选择 Theta - 2Theta，将仪器角度复位。在 X - Rays On 指示灯熄灭 15 min 后，方可关闭主机电源及循环水电源。依次关闭电脑、主机电源及循环水控制面板电源之后关闭总电源。

【实验结果与数据处理】

利用 Jade 软件对 XRD 测试结果进行分析，然后利用 Origin 软件进行绘图，并将所有衍射峰进行标定。

【注意事项】

（1）打开主机前必须保证循环水系统已开始工作，在使用 X - Rays 前应保证循环水温度低于 20℃且冷却循环水系统工作正常。

（2）要轻开轻关 X 射线衍射仪主机门，避免振动，在使用 X - Rays 前必须关闭主机门，在 X - Rays On 指示灯熄灭后，方可开启主机门。

（3）测试过程中 X 射线衍射仪主机门将自动上锁，切忌强行打开。

（4）仪器长时间不使用时，需要一周开启主机和冷却循环水机一次，保证循环水在 X 射线光管内正常流动，防止循环水造成的光管堵塞。

（5）冷却循环水必须使用纯净水，每个月必须更换一次。

【思考题】

1. XRD 测试结果说明了什么？
2. 如何对比测试结果的优劣？

实验十二　电子材料的扫描电子显微镜(SEM)测试

　　扫描电子显微镜(SEM，Scanning Electron Microscope)是近几十年发展起来的用来观察样品表面微区形貌和结构的一种大型精密电子光学仪器。其工作原理是利用一束极细的聚焦电子束在样品表面扫描时激发出与样品表面结构有关的物理信号(例如二次电子)，并且此物理信号调制一个同步扫描的显像管在相应位置的亮度而成像。扫描电子显微镜具有分辨本领高(最高分辨率达 2 nm)、放大倍数大、景深好、图像立体感强、制样方便等优点。如果在扫描电镜上安装波长色散 X 射线谱仪(WDX)或能量色散 X 射线谱仪(EDS)，则在观察样品表面微区形貌的同时，还能逐点分析样品的组分与结构。利用二次电子电压衬度和电子束感生电流像，扫描电子显微镜还可用来观察半导体集成电路中 PN 结的性能，检查失效部位，直接观察半导体中的原生缺陷及二次缺陷等。由于这些特点，扫描电子显微镜在材料科学、半导体、冶金、地质、生物、医学等领域都得到了广泛的应用。

【实验目的】

1. 了解扫描电子显微镜的构造及工作原理。
2. 掌握测试样品的制备方法。
3. 掌握扫描电子显微镜的测试方法。

【实验原理】

　　扫描电子显微镜是对样品表面形貌进行测试的一种大型仪器。当具有一定能量的入射电子束轰击样品表面时，电子与元素的原子核及外层电子发生单次或多次弹性与非弹性碰撞，一些电子被反射出样品表面，而其余的电子则渗入样品中，逐渐失去其动能，最后，停止运动并被样品吸收。在此过程中有 99% 以上的入射电子能量转变成样品热能，而其余约 1% 的入射电子能量从样品中激发出各种信号，如图 12.1 所示。这些信号主要包括二次电子、背散射电子、吸收电子、透射电子、俄歇电子、电子电动势、阴极荧光、X 射线等。扫描电子显微镜就是通过分析这些与样品表面结构有关的信号，从而获得样品表面形貌的。

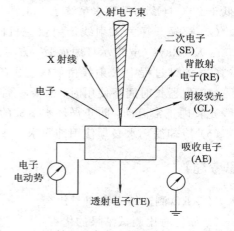

图 12.1　入射电子束轰击样品产生的信息示意图

从结构上看，扫描电子显微镜主要由七大系统组成（见图 12.2），即电子光学系统、信号处理系统、图像显示系统、图像记录系统、真空系统、冷却循环水系统和电源供给系统。

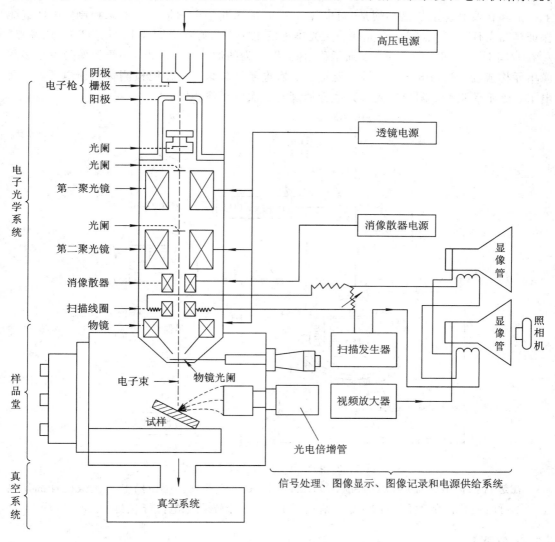

图 12.2　扫描电子显微镜结构图

如图 12.3 所示，从灯丝发射出来的热电子，经 2～30 kV 电压加速，由两个聚光镜和一个物镜聚焦后，形成一个具有一定能量、强度和斑点直径的入射电子束。在扫描线圈产生的磁场作用下，入射电子束按一定时间、空间顺序做光栅式扫描。由于入射电子与样品之间的相互作用，从样品中激发出的二次电子通过二次电子收集极的收集，可将向各个方向发射的二次电子收集起来。这些二次电子经加速并射到闪烁体上，使二次电子信息转变成光信号，经过光导管进入光电倍增管，使光信号再转变成电信号。这个电信号经过视频放大器放大后，输入到显像管的栅极中，调制荧光屏的亮度，并在荧光屏上示出与试样上一一对应的相同图像。入射电子束在样品表面上扫描时，因二次电子发射量是随样品表面起伏程度（形貌）的变化而变化的，故视频放大器放大的二次电子信号是一个交流信号。利用这个交流信号调制显像管栅极电压，在显像管荧光屏上将呈现一幅亮暗程度不同的，且反映样品表面起伏程度（形貌）的二次电子像。应该特别指出的是：入射电子束在样品表面上扫描和在荧光屏上扫描必须是"同步"的，即必须用同一个扫描发生器来控制，这样就能保证样品上任一"物点"A，在显像管荧光屏上的电子束恰好在 A′ 点，即"物点"A 与"像点"A′ 在时间上和空间上一一对应，通常称"像点"A′ 为图像单元。显然，一幅图像是由很多图像单元构成的。扫描电子显微镜除能检测二次电子图像以外，还能检测背散射电子、透射电子、特征 X 射线、阴极发光等其成像原理与二次电子像相同。

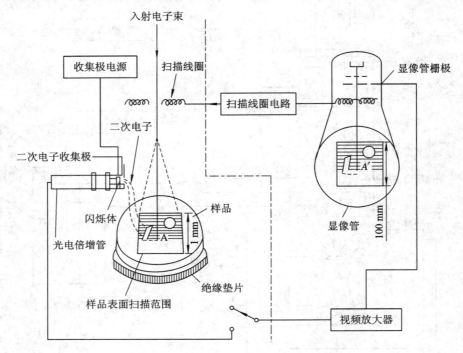

图 12.3　扫描电子显微镜成像原理图

在进行扫描电子显微镜观察前，要对样品作相应的处理。在扫描电子显微镜样品制备上，尽可能使样品的表面结构完整、清洁、无形变、干燥且导电性能良好。

【实验仪器】

本实验使用的仪器是荷兰 QUANTA FEG450 型扫描电子显微镜。

【实验内容与步骤】

1. 开机准备

（1）开启电子交流稳压器，电压指示应为 220V，开启冷却循环水装置和电源开关。
（2）开启样品室真空开关和准备状态开关。
（3）开启控制柜电源开关。

2．样品处理

（1）固体样品：将样品用双面胶带或导电胶带固定在样品台上，非导体样品需要喷镀金或铂导电层。

（2）粉末样品：将样品均匀洒落在贴有双面胶带的样品台上，用吸耳球吹去未粘牢的颗粒，非导体样品需要喷镀金或铂导电层。

3．工作程序

（1）开启样品室进气阀控制开关，将样品放入样品室后，关闭进气阀控制开关抽真空。

（2）打开工作软件，加高压至 5 kV（不导电样品）。

（3）将图像选区调为全屏 View。

（4）调节显示器对比度（CONTRAST）、亮度（BRIGHTNESS）至合适程度。

（5）调节聚焦旋钮直至图像清晰。

（6）放大图像选区至高倍状态。

（7）消去 X 方向和 Y 方向的像散。

（8）选择适当的扫描速率（SCAN RATE）观察图像。

（9）根据所需要进行观察和拍照（Freeze）。

（10）作好实验记录及仪器使用记录。

【实验结果与数据处理】

通过 SEM 照片查看样品的微观形貌，并对样品的微观结构进行分析，比如：估算样品的粒径大小。

【注意事项】

（1）数据拷贝用专用光盘，不能使用 U 盘插入电脑 USB 接口。

（2）开机时一定要先开水冷系统，并要检查冷却水的温度，关机至少 15 分钟后才能关闭冷却水。

【思考题】

1. 与光学显微镜相比，扫描电子显微镜有哪些优点？

2. 入射电子束与样品相互作用时会产生哪些信息？

3. 为什么有些样品做扫描电镜时表面需要喷金或者喷碳？

实验十三 电子材料的透射电子显微镜(TEM)测试

透射电子显微镜(TEM，Transmission Electron Microscopy)是通过穿透样品的电子束进行成像的精密电子光学仪器。电子束穿过样品以后，携带样品微结构及组成等方面的信息，将这些信息进行处理，便可得到所需要的显微照片及多种图谱。透射电子显微镜作为一种极为重要的电子显微设备，在材料、生物、化学、物理等诸多领域发挥着不可替代的重要作用。

【实验目的】

1. 了解透射电子显微镜的基本结构及其工作原理。
2. 掌握透射电子显微镜是如何对电子材料的微观结构进行分析的。
3. 学会透射电子显微镜简单的操作步骤以及对实验结果的分析方法。

【实验原理】

透射电子显微镜和光学显微镜的各个透镜位置及光路图基本一致，都是光源经过聚光镜会聚之后照射到样品，光束透过样品后进入物镜，由物镜会聚成像，物镜所成的一次放大像在光学显微镜中再由物镜二次放大后进入观察者的眼睛，而在透射电子显微镜中则是由中间镜和投影镜再进行两次接力放大后最终在荧光屏上形成投影供观察者观察。透射电子显微镜物镜成像光路图也和光学凸透镜放大光路图一致，入射电子束照射并透过样品后，样品上的每一个点由于对电子的散射变成一个个新的点光源，并向不同方向散射电子。透过样品的电子束由物镜会聚，方向相同的光束在物镜后焦平面上汇聚于一点，这些点就是电子衍射花样，而在物镜像平面上样品中同一物点发出的光被重新汇聚到一起，成一次放大像，如图 13.1 所示。

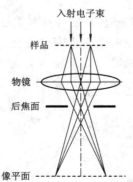

图 13.1 透射电子显微镜成像原理

1. 阿贝(Abbe)成像原理

根据阿贝的衍射成像理论，当一束光照射到具有周期性结构的样品($O_1'O_1$)上时，如图 13.2 所示，除了产生零级衍射束(即透射束)外，还会形成其他的各级衍射束，经透镜(L) 的聚焦作用，在其后焦面(F_2)上会形成衍射振幅的极大值(S_2'，S_1'，S_0，S_1，S_2)。可以把每个振幅极大值当成一个次级波源，各自发出球面波并在平面上相互叠加成像。图 13.2 中，像平面上的 I_1，I_0 和 I_1' 就是周期结构物点 O_1，O_0，和 O_1' 的像。所以，可以把透射电子显微镜的成像作用分为两个过程：一是平行光束受到具有周期性结构物体的散射作用，分裂成各级衍射谱，即由物转变为衍射谱的过程；二是各级衍射谱经过干涉作用后重新在像平面上汇聚成像，即由衍射谱重新变换到物(放大的物像)。参与成像的次级衍光束越多，叠加的像和物越接近。实验证明，阿贝成像原理在透射电子显微镜中同样适用，并成为透射电子显微镜中进行各种电子衍射研究的有效途径。

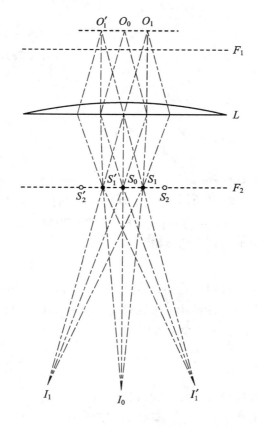

图 13.2　阿贝成像原理

2. 成像模式

在电镜中，物镜形成的一次放大像，经中间镜和投影镜后投影到荧光屏上，在荧光屏上得到三次放大像，如图 13.3(a)所示。如果中间镜励磁电流降低，使其物平面和物镜的后焦面重合，就可以把物镜产生的衍射谱投射到投影镜的物面上，再经投影镜放大到荧光屏上，这就得到了二次放大的电子衍射谱，如图 13.3(b)所示。因此，通过改变中间镜励磁电流，透射电子显微镜就可以成为一个高分辨率的电子衍射仪。

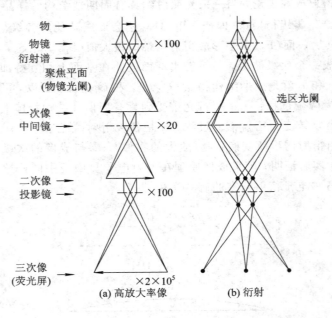

图 13.3　电镜光路图

1）直接像

若令透射电子束(零级衍射束)和衍射束(一束或者多束)同时通过物镜光阑，所得到的像称为直接像或点阵像，如图 13.4(a)所示，这种像是晶体点阵周期结构沿入射电子束方向的投影像。但因透射电子显微镜存在像差，并且物镜光阑只允许部分衍射束通过，因此形成的像是一个晶体结构很不完善的投影像。

2）亮场像

若只允许透射电子束通过物镜光阑，如图 13.4(b)所示，所得到的像称为亮场像。但它不能反映出晶体点阵的周期性结构，像的衬度代表物体上各点形成的衍射束强度。物体中产生强衍射束的地方，透射电子束就越弱；反之，透射电子束则较强，所以亮场像也称为衍衬像。

3）暗场像

若只让衍射束通过物镜光阑，如图 13.4(c)所示，得到的像称为暗场像。像的衬度也反映了物体上各点所产生的衍射束强度，与亮场像的衬度之间是互补关系，也属于衍射像。与亮场像相比，暗场像的好处是可借选区衍射束来选定晶体的反射晶面，像的对比度较好。但在一般的仪器内，衍射束不平行于物镜光轴，球差比较大，降低了像的分辨率。一般采用电子束照明系统，使衍射和物镜光轴平行，此时像的分辨率和亮场像一样，这种方式被称为中心暗场像。

4）选区电子衍射

为了选择样品上的成像区域，一般在物镜像平面上配置一个孔径大小可调节的视场光

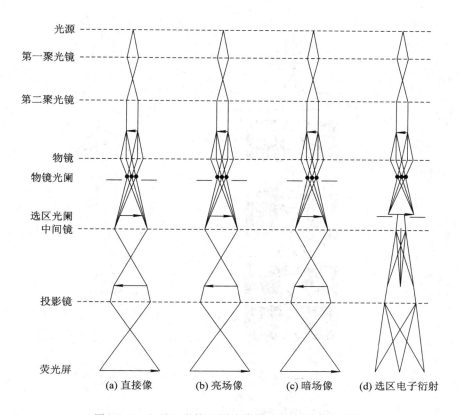

光源
第一聚光镜
第二聚光镜
物镜
物镜光阑
选区光阑
中间镜
投影镜
荧光屏

(a) 直接像　　　(b) 亮场像　　　(c) 暗场像　　　(d) 选区电子衍射

图 13.4　电子显微镜不同成像模式的电子束路径图

阑。通过移动样品，可以使想要观察的区域处在光阑孔径之内，光阑以外的电子束被遮挡，使其不能进入中间镜，如图 13.4(d) 所示，即通过物镜放大像的范围来选择成像或产生衍射的样品区域，这种工作模式称为选区成像或选区衍射。选区电子衍射可以把微小区域中晶体的显微像和衍射像进行对照分析，从而获得有用的晶体学数据。这样，可以获得微小颗粒的相结构、取向等，还可以分析各种晶体缺陷的几何和晶体学特征，这些分析对于研究晶体缺陷非常有用。

【实验仪器】

本实验使用的仪器是日本的 JEM‐2100F 型透射电子显微镜，该仪器技术参数：

(1) 点分辨率：0.19 nm；

(2) 线分辨率：0.14 nm；

(3) 加速电压：80 kV、100 kV、120 kV、160 kV 和 200 kV；

(4) 倾斜角：25°；

(5) TEM 分辨率：0.20 nm。

透射电子显微镜主要由电子光学系统、电源与控制系统以及真空系统三部分组成。电子光学系统是透射电子显微镜的核心，其光路原理和光学显微镜十分接近，其结构示意图如图 13.5 所示。它主要包括三个部分，即照明系统、成像系统和观察记录系统。

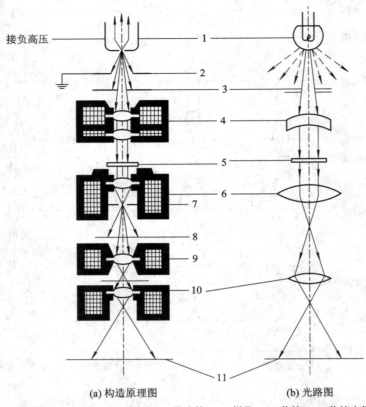

接负高压

1—照明源；2—阳极；3—光阑；4—聚光镜；5—样品；6—物镜；7—物镜光阑；
8—选区光阑；9—中间镜；10—投影镜；11—荧光屏或照相底片

(a) 构造原理图　　　　(b) 光路图

图 13.5　透射电子显微镜构造原理及光路图

1. 照明系统

照明系统包括电子枪、聚光镜以及相应的倾斜调节、平移对中调节装置组成。照明系统能够提供亮度高、照明孔径半径小、平行度好、束流稳定的照明源，此外，为了能够同时满足明场和暗场成像的需求，照明光束可以在 $2°\sim3°$ 范围内倾斜。

1）电子枪

电子枪用来为透射电子显微镜提供电子源，比较常用的电子枪是热阴极三极电子枪，它由钨丝阴极、栅极和阳极三部分组成，结构示意图如图 13.6 所示。

在电子枪的自偏压回路中，在栅极上加负的高压，在阴极和负高压之间有一个偏压电阻，偏压电阻的作用可使栅极和阴极之间有一个数百伏的电位差。图 13.7(b) 反映了阴极、栅极和阳极之间的等电位面分布情况。因为栅极比阴极电位更负，因此可以用栅极来控制阴极的发射电子的有效区域。当阴极流向阳极的电子数量增加时，在偏压电阻两端的电位差增加，使栅极电位相对于阴极的电位更低，由此可以减小灯丝发射电子的区域面积，电子束流也相应减小。当某种原因引起电子束流减小时，偏压电阻两端的电位差相应减小，栅极和阴极之间的电位差也相应减小，此时，栅极对阴极发射的电子流的排斥作用减弱，

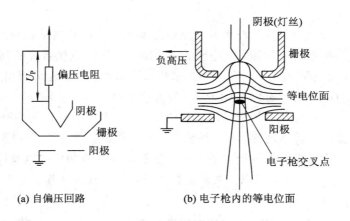

(a) 自偏压回路　　　　　　　(b) 电子枪内的等电位面

图 13.6　电子枪

电子束流又会随之增加。由于栅极的电位比阴极电位低，因此从阴极端点引出的等电位面在空间弯曲，在阴极和阳极间的某一点，电子束汇聚成一个交点，这就是电子源。交点处电子束的直径约几十微米。

2）聚光镜

聚光镜可用来汇聚由电子枪发射出来的电子束流，使其能够照射到样品上的损失最小，此外还能够调节照明强度、孔径角和电子束斑的大小，通常采用双聚光镜系统，如图 13.7 所示。

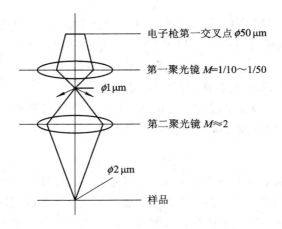

电子枪第一交叉点 $\phi50\,\mu m$

第一聚光镜 $M=1/10\sim1/50$

$\phi1\,\mu m$

第二聚光镜 $M\approx2$

$\phi2\,\mu m$

样品

图 13.7　照明系统光路

第一聚光镜是强励磁透镜，束斑缩小率在 10 到 50 倍的范围内，将电子枪第一交点电子束斑直径缩小到 $1\sim5\,\mu m$；第二聚光镜是弱励磁透镜，聚焦时放大倍数为 2 倍左右。经过第一和第二聚光镜的作用可在样品平面上获得直径在 $2\sim10\,\mu m$ 的照明电子束光斑。

2. 成像系统

成像系统主要包括物镜、中间镜和投影镜三个部分。成像系统的两个基本操作是将衍射花样或图像投影到荧光屏上。

1）物镜

物镜是用来形成第一幅高分辨率电子显微图像或电子衍射花样的透镜。透射电子显微镜分辨率的高低主要取决于物镜，但物镜的任何缺陷都将被成像系统的其他透镜进一步放大。因此为了获得物镜的高分辨率，必须采取措施降低相差，通常选用相差较小的强励磁、短焦距的物镜，物镜的焦距约为 $1\sim3$ mm，放大倍数约为 $100\sim300$。

物镜的分辨率主要取决于极靴的形状和加工精度。通常，极靴的内孔和上下极靴之间的距离越小，物镜的分辨率也就越高。物镜的后焦面上还安放着一个物镜光阑，这是为了减小物镜的球差。物镜光阑不仅能够减少球差还能减小像散和色差以及提高图像衬度，此外，物镜光阑位于后焦面上，可以方便地进行暗场和衍射成像操作。

2）中间镜

中间镜是一个弱励磁的长焦距变倍率透镜，其倍率可在 $0\sim20$ 倍范围内调节。放大倍数大于 1 时，进一步放大物镜所成的像；反之，放大倍率小于 1 时，起到缩小物镜所成像的作用。在电镜操作过程中，主要是通过调节中间镜的放大倍数来控制电镜的总放大倍数的。例如，如果物镜的放大倍数 $M_1=100$，则投影镜的放大倍数 $M_3=100$；那么如果中间镜的放大倍数 $M_2=20$，则总的放大倍数 $M=100\times20\times100=200\,000$；如果 $M_2=1/10$，则总的放大倍数仅为 1000。如果将中间镜的物平面和物镜的像平面重合，则在荧光屏上得到放大的像，这就是电子显微镜的成像操作；如果将中间镜的物平面和物镜的背焦面重合，则在荧光屏上获得的是一幅电子衍射花样，这就是透射电子显微镜的电子衍射操作。

3）投影镜

投影镜的作用是把经过中间镜的像进一步放大，然后投影到荧光屏上。它和物镜类似，是一个短焦距的强磁透镜。投影镜的励磁电流是个定值，因为成像电子束进入投影镜时的孔径角很小（约 10^{-5} rad），因此它的景深和焦长都非常大。因此，即使通过改变中间镜的放大倍数使显微镜的放大倍数在很大范围内变化，仍然可以使图像保持较高的清晰度。有时，中间镜的像平面会出现一定的位移，但因这个位移距离仍然处在投影镜的景深范围内，所以，仍然可以在荧光屏上获得清晰的图像。

3. 观察记录系统

观察记录系统由荧光屏和照相机构成。在荧光屏的下面放置一个可以自动换片的照相机暗盒，照相时，只需把荧光屏往一侧垂直竖起，电子束就可以使照相机底片曝光。由于透射电子显微镜的焦长很大，虽然荧光屏和底片之间有着数厘米的距离，但仍可以在照相机底片上获得清晰的图像。为了便于对高放大倍数、低亮度的图像进行聚焦和观察，通常会在荧光屏上涂制人眼比较敏感、发绿光的荧光物质。电子感光片是一种对电子束曝光敏感、颗粒度很小的溴化物乳胶底片，它是一种红色盲片。因为电子和乳胶相互作用很强，因此照相机的曝光时间只需要几秒钟。

此外，透射电子显微镜工作时，整个电子通道都要处在真空环境中，以避免高速电子和镜内的气体分子碰撞，产生随机散射，降低像的衬底，从而导致电子束流的跳变、残余气体腐蚀灯丝，缩短灯丝寿命等。电镜中的真空系统一般采用两级串联方式，用机械泵抽低真空，用扩散泵抽高真空。

【实验内容与步骤】

（1）制备单晶硅薄膜测试样品。

（2）按照仪器的操作流程，开启仪器。

（3）装入样品，调整样品位置，找到合适的区域，选择一特征物作为标记，记住样品的被观察部位。

（4）移动晶体，通过衍射花样，在垂直于薄晶片的方向附近寻找低指数晶带轴，指标化此低指数晶带轴的衍射花样。

（5）确定某低指数衍射矢量，调整测试样品，使其能够满足布拉格衍射条件（$S=0$），使其满足双近似条件，记录此时的明场像和衍射花样。

（6）使样品微移，此时 $S>0$，在相同的区域记录明场像和衍射花样。

（7）改变入射电子束方向，使其满足中心暗场像条件（$S=0$），在同一部位，记录暗场像和衍射花样。

（8）再次调节入射电子束方向，使其满足弱束暗场像条件，记录弱束暗场像和衍射花样。

（9）完成实验内容后，取出样品，按操作流程关闭仪器。

【实验结果与数据处理】

通过 TEM 照片查看样品的微观形貌，计算样品的晶面间距，并对选区电子衍射照片进行标定。

【注意事项】

（1）样品制备过程中要认真小心。

（2）实验仪器要老师做示范讲解之后再自行操作。

（3）操作过程中要严格按照实验操作流程进行。

（4）样品观察调节过程中一定要小幅度缓慢调节。

【思考题】

1. 如何选择合适的放大倍率。

2. 如何保证摄取各组照片时均保持在样品的同一部位。

3. 分析与明场像、暗场像、弱束暗场像相关的实验现象。

实验十四　电子材料的原子力显微镜(AFM)测试

原子力显微镜(AFM)是在 1986 年由 Binning、Quate 和 Gerber 发明的,利用尖锐针尖在样品表面运动,做光栅扫描,或者称电视的行帧扫描,从而得到样品表面结构形貌像,该像有极高的分辨力,近期研究进展达到原子尺度分辨。20 多年来原子力显微镜不断地完善和发展,在表面成像、半导体表面分析、集成电路检测、纳米加工、柔性样品分析、生物医学、纳米载流子运输和电路测量等方面已广泛应用。

【实验目的】

1. 了解原子力显微镜测试的基本原理。
2. 掌握原子力显微镜的基本操作方法。

【实验原理】

原子力显微镜是扫描力显微镜家族中最重要的成员之一,因为探针和样品间最基本的相互作用是物质间的引力,两个物体间总是存在着力的作用。在两个物体非常接近的距离上,不需要任何外加操控,用某种扫描探针仪器就有可能测量力的属性。原子间存在某种间隙时,引力的作用非常弱,必须有适当的力传感器装置才能检测到。通过这个传感器提供探针原子与样品表面原子间作用力强度分布像,进而观测表征样品表面结构的形貌。在扫描探针显微镜(SPM)结构中,通过原子间作用力测试实现了对样品表面形貌的成像,即 AFM 像。

原子力显微镜测量的是探针与表面原子间的作用力,一般将原子力显微镜探针设计为一微小的悬臂,其一端固定在基板上,另一端附有凸出的针尖。当此针尖与样品表面产生相互作用时,会使悬臂产生一极小的弯曲,测量此弯曲量在探针位置上的位移,通过悬臂的弹性系数 c,即可获得相互作用力的大小,从而反映样品表面形貌和其他表面结构,其工作原理如图 14.1 所示。

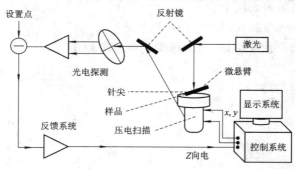

图 14.1　原子力显微镜的工作原理图

利用探针与样品间相互作用方式的不同，AFM 分为三种不同的工作模式：接触模式、轻敲模式和非接触模式。其中轻敲模式是介于接触模式与非接触模式之间，即短时间接触，大部分时间不接触的一种振荡状态。

1）接触模式

接触模式是原子力显微镜最常用的方法。在扫描的过程中，针尖与样品保持紧密接触。接触意味着作用力是位于图 14.2 的排斥区，能提供非破坏的三维信息，其分辨率可达到：横向为 1.5 nm，纵向为 0.05 nm。在针尖与样品间存在很强的排斥力，容易分析绝缘体和导体，由于原子力显微镜的测试不需要对样品导电，不要求着色和上影，可操作在空气和液体环境中。接触模式的缺点是在样品上存在大的横向力，针尖容易钻入样品，可能牵引样品表面，使记录结果失真。如果柔性样品处于排斥力区，则容易发生损伤，得到的形貌可能极不真实。

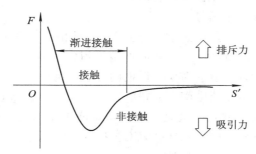

图 14.2　原子间距离与作用力

2）轻敲模式

轻敲模式是最广泛使用的模式。针尖在扫描时，以一定的频率轻敲样品表面，存在短时间针尖和样品接触，极大地减小了对样品的损伤。当在空气或其他气体环境中操作时，悬臂是在其共振频率上振动(通常几百 kHz)，只在振荡周期很小部分轻敲表面，短时间与表面接触，这将显著地减小横向力的产生。当样品很难固定或测试柔性样品时，与接触模式相比轻敲模式是最好的选择。在恒定力模式中，调节反馈电路使悬臂振动频率保持(接近)常数，以振幅改变作为信号形成图像。通常用驱动悬臂的压电陶瓷振荡与检测振荡针尖之间的相差，得到样品特性图像，如硬度、黏弹性等。通过相位滞后测量可得到力的各种分量，如黏滞、摩擦等参量。该模式可识别混合聚合物的两相结构，减小软样品的破坏，识别在高度像中不能看到的样品表面污染。

3）非接触模式

非接触模式操作是用来成像的另一种方法。在扫描过程中，针尖不与样品表面接触，悬臂在样品表面上振荡，分子间作用力位于图 14.2 的吸引力区。与扫描电子显微镜(SEM)相比，在恒定高度和非破坏的表面结构测量(不需要防荷电涂层)中，AFM 提供特大的形貌对比度。与透射电子显微镜(TEM)相比，获得三维 AFM 像不需要制备特殊样品，与二维截面分布相比，可得到更完全立体结构的信息。但非接触模式，对于一般 AFM 操作环境条件下，这是很困难的控制模式。在样品表面存在很薄一层污染，会在针尖和样品间形成小的毛细管桥，产生毛细作用，则成像模式变为接触模式。所以在非干燥气体、液体、低真空系统中，最好采用轻敲模式。

【实验仪器】

本实验使用的仪器是岛津 SPM9500J3 型原子力显微镜。原子力显微镜系统可分为三个部分：力检测部分、位置检测部分、反馈系统。

(1) 力检测部分：使用微小悬臂可检测原子之间的范德华力变化量。微悬臂通常由一个长为 $100\sim500~\mu m$、厚为 $0.5\sim5~\mu m$ 的硅片或氮化硅片制成，微悬臂顶端有一个尖锐针尖，用来检测样品与针尖的相互作用力。微悬臂有一定的规格，如长度、宽度、弹性系数以及针尖的形状。实验中，依照样品的特性、实验操作模式选择不同规格的探针。

(2) 位置检测部分：当针尖与样品之间有了相互作用之后，使得微悬臂摆动，照射在微悬臂末端的激光束，其反射光位置也会因为悬臂摆动而有所改变，激光光斑位置检测器将偏移量记录下来并转换成电信号。

(3) 反馈系统：在反馈系统中会将电信号当做反馈信号，驱使由压电陶瓷管制作的扫描器做适当移动，以保持样品与针尖之间的作用力恒定。AFM 系统使用压电陶瓷管制作的扫描器能够精确控制微小的扫描移动。压电陶瓷是一种性能奇特的材料，当在压电陶瓷对称的两个端面加上电压时，压电陶瓷会按特定的方向伸长或缩短。而伸长或缩短的尺寸与所加电压的大小呈线性关系。也就是说，可以通过改变电压控制压电陶瓷的微小伸缩（X、Y、Z 方向伸缩）达到驱动探针在样品表面扫描的目的；通过控制 Z 方向压电陶瓷的伸缩达到控制探针与样品之间距离的目的。

在系统检测成像全过程中，探针和被测样品间的距离始终保持在纳米量级，距离太大不能获得样品表面的信息，距离太小会损伤探针和被测样品；反馈回路的作用就是在工作过程中，由探针得到探针与样品相互作用的强度，来改变加在样品扫描器垂直方向的电压，从而使样品伸缩，调节探针和被测样品间的距离，反过来控制探针和样品相互作用的强度，实现反馈控制。因此，反馈控制是本系统的核心工作机制。系统采用数字反馈回路，用户在控制软件的参数工具栏中通过参考电流、积分增益和比例增益等几个参数的设置对该反馈回路的特性进行控制。

【实验内容与步骤】

1. 样品制备

把电子材料分散到溶剂中，用玻璃棒涂于解离后的云母片上，自然晾干。

2. 开机

依次打开计算机、气泵、变压器和控制器。

3. 调整光路

(1) 先让光学显微镜上下左右移动聚焦，试图在监视器上看到三角悬臂。

(2) 调整检测台右侧里（外）旋钮使激光斑点在监视器上左右（上下）移动，直至激光亮斑移到悬臂尖稍靠里。

(3) 调整检测台上中部的反光镜调整器，直至激光斑出现在接收器的边沿。

（4）激光斑亮度及形状调整：调整检测台右侧里（外）旋钮使激光斑点亮且圆。

（5）慢慢扳动检测台上（中）部的调整器，使得检测台下（中）部的数码管全亮。

（6）检测器的调整：调监测台左侧里的旋钮使 Verical Deflection 显示值在 -2 左右，调监测台左侧外的旋钮使 Horizen Deflection 显示值为 0。

（7）重复检测器的调整，使垂直、水平值分别在 -2 和 0。

4．测量过程

（1）选择接触模式。

（2）使探针快速逼近样品。

（3）再使探针慢速逼近样品，灵敏度参数应为 8。

（4）开始扫描。

（5）扫描完毕，调整探针与样品间的距离，直至样品台与探针间距约为 1 cm。

（6）实验完毕，依次关闭控制器、计算机、气泵和变压器。

【实验结果与数据处理】

将实验测得的二维 AFM 图形转换成三维，并将粗糙度、标尺等参数标注在图像上。

【注意事项】

（1）在调整光路过程中注意分清粗调旋钮和细调旋钮的作用，并在操作时注意速度不能太快，以免破坏镜头。

（2）换探针时利用短一点的探针比较好，所以换针过程中可以把针放偏一些，保证短针能在中央，可以良好的反射激光。

（3）在调节光路完毕后，必须把保护盖盖上，减少电磁波干扰。

（4）测试过程中，使用减震架和关闭日光灯，避免不必要的干扰信号。

【思考题】

1．在接触模式中为什么针尖与样品间存在很强的排斥力？

2．原子力显微镜、透射电子显微镜和扫描电子显微镜的区别是什么？

实验十五　电子材料的 X 射线光电子能谱(XPS)分析

X 射线光电子能谱(简称 XPS)分析是指以 X 射线作为激发源去照射样品,使样品中电子受到激发而发射,然后测量这些电子的能量分布与强度的关系,从中获得相关信息的一种重要的表面分析手段。X 射线光电子能谱被广泛应用于分析无机化合物、合金、半导体、聚合物和催化剂等,可对材料进行元素定性分析、定量分析、固体表面分析和化合物结构鉴定,并且在半导体器件、薄膜器件和集成电路中作为不可缺少的表面分析工具。

【实验目的】

1. 了解 X 射线光电子能谱的基本原理。
2. 掌握 X 射线光电子能谱测试的基本操作要领。
3. 学会应用 X 射线光电子能谱对材料表面进行定性和定量分析。

【实验原理】

X 射线光电子能谱是由瑞典皇家科学院院士 K. Siegbahn 教授于 1954 年创立的。它的分析原理是,受 X 射线激发发射的光电子,对原子或分子具有标识性。因此,可通过测定光电子动能,计算结合能来鉴定组分,根据测出的谱线强度计算原子浓度。

1. 光电过程

XPS 基于光电效应,当一束光子照射样品时,X 射线与物质相互作用,物质吸收能量后使原子中内层电子脱离原子成为自由电子,这些被激发出来的电子称为光电子。光电子数目按其动能大小的分布形成光电子能谱,光电子能谱用来研究元素内壳层的电子状态。

对于气体分子,X 射线的能量 $h\nu$ 一部分克服了电子的结合能 E_b,使其激发为自由光电子,一部分使光电子具有动能 E_k,最后一部分成为原子的反冲能量 E_r,用下式表示这种能量关系:

$$h\nu = E_b + E_k + E_r \tag{15.1}$$

E_r 较小,一般可忽略得到

$$h\nu = E_b + E_k \tag{15.2}$$

对于固体样品,X 射线的能量使内层电子克服结合能 E_b 后跃迁到费米能级,再克服功函数 φ_s 后进入真空成为自由电子,并使自由电子获得动能 E_k。能量关系可用下式表示:

$$h\nu = E_b + E_k + \varphi_s \tag{15.3}$$

由于样品功函数 φ_s 与样品架功函数 φ_{sp} 不同,导致样品与样品架材料之间存在接触电势 $\Delta U(\Delta U = \varphi_s - \varphi_{sp})$。该电势将使自由电子的动能从 E_k 增加到 E_k',有 $E_k + \varphi_s = E_k' + \varphi_{sp}$,

如图 15.1 所示。固体样品的光电子能量公式为

$$h\nu = E'_k + E_b + \varphi_{sp} \tag{15.4}$$

$$E_b = h\nu - E'_k - \varphi_{sp} \tag{15.5}$$

仪器的功函数 φ_{sp} 一般约为 4 eV，当激发源的能量 $h\nu$ 已知时，测出光电子动能 E'_k 后即可求出固体样品中该电子的结合能 E_b。由于不同元素的原子、分子轨道的结合能 E_b 不同，因此可以鉴别原子或分子，这就是 XPS 元素定性分析的基础。

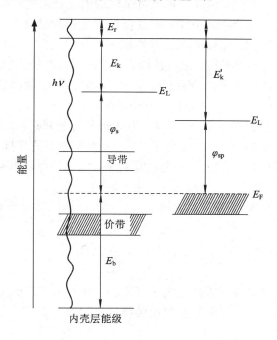

图 15.1　受激电子能级跃迁机制示意图

2. 光电子逸出深度和取样深度

由于光电子穿过样品时，产生非弹性散射（散射后既改变运动方向又有能量损失），因而电子能谱所研究的信息取决于光电子逸出深度（即非弹性散射平均自由程），即电子在非弹性碰撞前所经历的平均距离、电子平均自由程与其光电子动能大小和样品特性有关。

XPS 的取样深度是出射的光电子起源处与固体表面的垂直距离 D。D 是平均自由程 λ 的函数，通常定义 $D = 3\lambda$，因此，只要求出 λ 值便可得出取样深度。λ 一般约为 10 个原子层左右，金属约为 5～30 Å，无机材料均为 20～40 Å，有机高分子材料约为 40～100 Å。取样深度 D 还与出射角 θ 有关：

$$D = p \cdot \sin\theta \tag{15.6}$$

其中，p 为光电子在固体中的渡越距离，θ 为光电子出射方向与样品表面的夹角。

3. 化学位移

原子中的电子受到核内正电荷和核外电荷分布的影响，电荷分布发生变化会使原子内壳层电子的结合能产生变化，从而使光电子谱峰的位置发生移动，这种现象称为电子结合能位移。由化学环境而引起的结合能位移称为化学位移。

由于轨道电子结合能的位置反映了本体原子的特征能量，体现了邻近原子的影响，从而造成的能量位移。光电子能谱技术主要是确定固体样品中的电子结合能，通过测出化学位移值，从而得出元素的化学价态，进而为辨认原子的化学环境提供依据。

4. 定量分析

定量分析是指 XPS 谱峰的强度（峰面积）与元素的含量有关。光电子峰面积的大小主要与样品被测元素的含量有关，因此测得光电子峰的强度就可进行定量分析。

影响光电子峰强度的因素非常复杂，不仅仅只与元素含量有关。常用的定量分析法是标样法和元素灵敏度因子法。标样法有良好的准确度（<10%），但样品制备较难，适用范围窄。元素灵敏度因子法简便易行，适应性较好，但准确度较差。

当均匀样品厚度大于电子平均自由程 5 倍时，由元素灵敏度因子法所测峰强可表示为

$$I = nf\sigma\theta y\lambda AT \tag{15.7}$$

其中，n 为元素的原子密度（原子数/cm^3），f 为 X 射线光通量（光子数/cm^2·s），σ 为光电截面（cm^2），θ 为角度校正因子，y 为光电子产率，λ 为光电子平均自由程（Å），A 为样品有效面积（cm^2），T 为检测效率。令 $S = f\sigma\theta y\lambda AT$，则式（15.7）可以表示为

$$I = n \cdot S \tag{15.8}$$

灵敏度因子一般都是通过实验方法测定的。如果所测样品由多种元素组成，则任一组分的相对浓度 C 可表示为

$$C_x = \frac{n_x}{\sum\limits_i n_i} = \frac{I_x/S_x}{\sum\limits_i I_i/S_i} \tag{15.9}$$

实际应用中，只要测得各元素的光电子峰面积，再查出所测元素的 S 值，由式（15.9）可以求出各组分的相对浓度。通常相对浓度的测量误差约为 10%～20%。

【实验仪器】

本实验使用的仪器设备为 NP 3 型 X 光电子能谱仪，其结构示意图如图 15.2 所示。

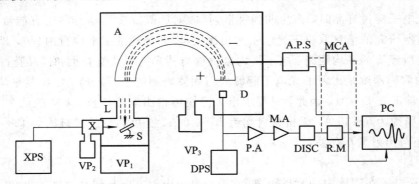

A—电子能量分析仪；L—减速聚焦透镜；S—样品室；X—X射线管；
XPS—X射线源；VP$_{1-3}$—真空泵；A.P.S—电子分析器电源；
D—电子探测器；P.A—前置放大器；M.A—主放大器；DISC—甄别器；
R.M—计数率计；MCA—多路分析器；PC—在线计算机；DPS—电子探测器电源

图 15.2　X 射线光电子能谱仪结构示意图

【实验内容与步骤】

1. 样品制备

X 射线光电子能谱测定样品时对表面污染非常灵敏，因此需要对进样进行脱脂清洁处理，以除去表面污染。通常，采用离子刻蚀的方法对待测样品进行表面清洁处理。样品表面尽可能光滑，因为光滑表面谱峰强度高。

固体样品须制成 10 mm×14 mm 的长条，样品厚度一般不超过 1 mm。

2. 实验步骤

1）开机

开启供电系统总电源，按电控 I 按钮，再按电控 II 按钮，几分钟后再开启交流稳压高压电源；开启扫描系统工作电源，将扫描控制开关置零复位，开启数字电压表，就可进行分析器电源扫描；开启信号记录系统总电源、X-Y 记录仪和电子倍增管高压电源；开启水泵，待 X 射线灯丝电流复零后，再开启 X 射线高压电源，然后缓慢加高压（12～15 kV）和灯丝电流（每步 1 mA，不越过 8 mA）。

2）进样操作

先开启机械泵，当进样室的真空度为 0.1 Pa 时，开启分子泵（分子泵 3～5 min 后进入正常工作状态）。20～30 min 后，当进样室真空度小于等于 10^{-2}～10^{-3} Pa 时，开启插板阀，进样或更换样品。

3）测试

当样品室、分析器的真空度达到 10^{-6} Pa 时，可进行样品测试。选择起始扫描电压、扫描速度，选择 X-Y 记录仪的 X、Y 轴记录量程，选择计数率表的量程，选择电子倍增器的高压参数，选择 X 射线源的电压和灯丝电流参数。

首先对样品进行宽程扫描以作全谱分析。通过全谱了解样品表面存在的几种元素谱线的位置，再分别对其谱线作窄程扫描。在作窄程扫描时，扫描能量范围必须足够小，以便精确地定出谱峰的位置。同时，扫描能量范围也必须有一定的宽度，这个宽度不仅能包含谱线本身，也能包含谱线两边的本底。

【实验结果与数据处理】

（1）对所测薄膜材料的 XPS 全谱进行能量坐标定标。将动能 E_k 坐标转换为结合能 E_b 坐标。对窄谱以碳 $C_{1s}=285$ eV 谱峰位置来校正能量坐标。

（2）对全谱进行解析。利用光电子能谱手册给出的各种元素的谱线主要位置，对所有谱线进行鉴别，并标出这些谱线。对每个窄谱，标出谱峰的能量位置、谱峰，如果有化学位移，则需要判别它们的化学价态。

（3）对每个窄谱画出它们的本底线，并用求积仪进行面积测量。从表上查出被分析元素特征谱线的元素灵敏度因子，计算各种元素的原子百分比浓度。

【注意事项】

（1）真空系统：各真空泵、电离规均要达到一定的真空度时才能打开或进行测量。

（2）电源系统：扫描高压、电子倍增高压、X 射线管高压均须复零后才能打开。加高压时必须缓慢，关机时也须先复位再关机，以防反冲电压损坏仪器设备。

【思考题】

X 射线光电子能谱仪的主要功能是什么？它能检测样品的哪些信息？举例说明其用途。

实验十六　电子材料的拉曼谱(RAMAN)测试

拉曼效应是能量为 $h\nu_0$ 的光子同分子碰撞所产生的光散射效应，即拉曼光谱是一种散射光谱。由于拉曼效应太弱，曾一度被红外光谱代替，直至 20 世纪 60 年代激光问世。激光具有单色性好、方向性强、亮度高、相干性好等特性，将其引入拉曼光谱，使拉曼光谱得到了迅速的发展，灵敏度比常规拉曼光谱提高了 $10^4 \sim 10^7$ 倍。

在各种分子振动方式中，强力吸收红外光的振动产生高强度的红外吸收峰，但只能产生强度较弱的拉曼谱峰；反之，能产生强的拉曼谱峰的分子振动却产生较弱的红外吸收峰。因此，拉曼光谱与红外光谱相互补充，才能得到分子振动光谱的完整数据，成为分子结构表征分析的主要手段。

【实验目的】

1. 了解激光拉曼光谱的原理。
2. 掌握激光拉曼光谱测定方法。
3. 熟悉拉曼光谱分析方法。

【实验原理】

拉曼散射是由光和物质相互作用引起的，在光子和散射物质分子的碰撞过程中，散射物质会从入射光子吸收部分能量，或把自身的能量加到入射光子上，再发射的光子便与原光子不相干，从而形成新的谱结构。当光子与分子发生弹性碰撞时，光子与分子之间没有能量交换，此时，散射光与入射光的频率相同，这种频率未变的谱线叫做瑞利线。但也存在很微量的光子不仅改变了光的传播方向，而且也改变了光波的频率，即在碰撞过程中有能量交换，这种散射称为拉曼散射。

拉曼散射的产生原因是光子与分子之间发生了能量交换，改变了光子的能量。在量子理论中，把拉曼散射看做光量子与分子相碰撞时产生的非弹性碰撞过程。在该过程中，光量子与分子有能量交换，交换的能量只能是分子两定态之间的差值。当处于基态的分子与光子发生非弹性碰撞时，分子从光子处获得能量转变为分子的振动或转动能量，从而到达激发态，光子则以较小的频率散射出去，称为斯托克斯线，如图 16.1 所示。反之，如果分子处于激发态，与光子发生非弹性碰撞后，分子会释放能量回到基态，而光子则获取能量以较大频率散射出去，称为反斯托克斯线，如图 16.1 所示，有用的信息就包含在 ν 的数值及其强度、偏振等参量中。瑞利线的强度约为入射光强的 10^{-3} 量级，较强的斯托克斯线的强度则不到入射光的 10^{-6} 量级；反斯托克斯线起因于样品中较高能态的作用，按玻耳兹曼分布率，其数量甚少，故相应强度也大减，不到斯托克斯线的 1/10。由此可见，在较窄的谱段上有强度比如此悬殊的谱线同时出现，因此，如何获得清晰的信号较弱的拉曼散射谱是拉曼光谱技术和实验方法的关键。

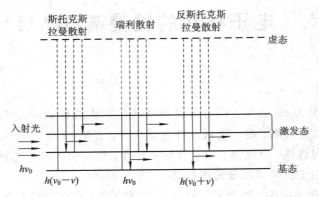

图 16.1　拉曼散射的量子解释示意图

【实验仪器】

激光拉曼光谱仪主要由激光光源系统、样品装置及样品放置方式、散射光收集和分光系统、检测和记录系统等部分组成，如图 16.2 所示。

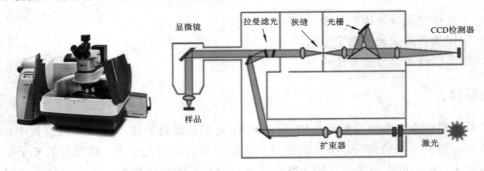

图 16.2　激光拉曼光谱仪及其结构示意图

1. 激光光源系统

由于拉曼散射的强度大约只有入射光强度的 10^{-6}，因此拉曼光谱仪选用较强的激光光源。光源系统中，除了激光器以外，还有透镜和反射镜等。透镜将激光束聚焦于样品上，反射镜则将透射过样品的光再反射回样品，以提高对光束能量的利用，增强信号强度。

2. 样品装置及样品放置方式

为了更有效地照射样品和收集拉曼散射，大多采用一个 90° 的样品光学系统，即收集方向垂直于入射光的传播方向。

为了提高散射强度，样品的放置方式非常重要，气体样品可采用空腔方式，即把样品放置在激光器的共振腔内；液体样品可置于毛细管或多重反射槽内，然后放置在激光器的外面；固体样品则可装在玻璃管内，或压片测量，如图 16.3 所示。

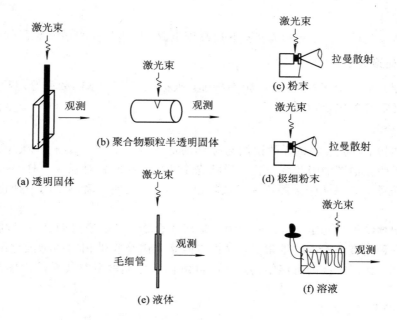

图 16.3　不同形态样品在拉曼光谱仪中的放置方式

3. 散射光收集和分光系统

拉曼散射信号是十分微弱的，为了尽可能地获得大的拉曼散射信号，需要提高对散射光的收集，如透射设计时考虑最佳立体收集角或增加凹面反射镜等。分光系统一般采用光栅单色仪，对单色仪的要求是，除了光谱纯度高，还要有优良的抑制杂散光能力。

4. 检测和记录系统

拉曼散射信号的接收类型分为单通道和多通道两种，对于落在可见光区的拉曼散射光，采用光电倍增管作为检测器，光电倍增管接收的是单通道。而较弱的拉曼散射光可用分子计数器来检测，然后用记录仪或计算机结构软件绘制图谱。

【实验内容与步骤】

1. 仪器调试

（1）光路初调。调节激光管和棱镜使激光束处于铅垂位置。然后，安装集光镜和聚焦透镜，并调节集光镜使激光束成像在单色仪入射狭缝上。

（2）参数设置。正确选择光电倍增管、线性脉冲放大器的相关参数，使谱线信号与背底的比值最大。

2. 样品测试

（1）将样品管置于样品台，使聚焦后的激光束位于样品管中心。

（2）调节样品台和聚光镜，使聚焦后的光束最细的部位位于集光镜和单色仪的光轴上，样品通过集光镜清晰地成像于单色仪狭缝上。

（3）调节偏振旋转器，使激光的振动极大值方向与单色仪光轴方向一致，样品在狭缝上的像亮度最大。

（4）调整单色仪及入射狭缝宽度，开启高压电源，获得拉曼光谱。

3. 拉曼光谱分析

拉曼光谱反映了分子振动-转动频率特征，根据光谱特征基团频率鉴定物质含有哪些基团，从而确定有关化合物。

1) 定性分析

（1）已知物的鉴定。将试样的谱图与标样的谱图进行对照，或与文献、谱图库中的谱图对照。如果两张谱图的吸收峰位置和形状完全相同，峰的相对强度一样，就可以认为样品是该种标准物。如果两张谱图不一样或峰位不对，则说明两者不是同一种物质或样品中有杂质。

（2）未知物结构的测定。如果未知物不是新化合物，可以通过两种方式利用标准图谱进行查对：一种是查询标准谱带索引，寻找与样品光谱吸收带相同的标准谱图；另一种是进行光谱解析，判断样品的可能结构，然后再由化学分类索引查找标准谱图对照核实.具体过程如下。

① 样品的分离和精制。

② 了解样品的来源和性质。在对光谱解析之前，应收集样品的有关资料和数据，例如样品来源和物理常数（如沸点、熔点、折射率等），作为定性分析的旁证。根据元素分析及相对摩尔质量的测定，求出化学式并计算不饱和度。

$$\Omega = 1 + n_4 + \frac{n_3 - n_1}{2} \tag{16.1}$$

式中，$\Omega = 0$ 时，表示分子是饱和的，应为链状烃及其不含双键的衍生物；$\Omega = 1$ 时，可能有一个双键或脂环；$\Omega = 2$ 时，可能有两个双键或脂环，也可能有一个三键；$\Omega = 4$ 时，可能有一个苯环等。

③ 谱图解析。总的谱图解析可归纳为：先特征，后指纹；先最强峰，后次强峰；先粗查，后细找；先否定，后肯定。即先从特征区第一强峰入手，确认可能的归属，然后找出与第一强峰相关的峰；第一强峰确认后，再依次解析次强峰和第三强峰，方法同第一强峰。对于简单的光谱，一般解析一两组相关峰即可确定物质结构。对于复杂化合物，因官能团的相互影响致使解析困难，可粗略解析后，查对标准光谱或进行综合光谱的解析。

具体的谱峰分析可从以下三方面入手。

a. 谱带的位置。虽然不同的基团有着不同的特征振动频率，但由于许多不同的基团可能在相同的频率区域发生吸收，所以在做这种位置的谱峰分析时要特别注意。

b. 形状。有时从谱带的形状也能得到有关基团的一些信息。

c. 相对强度。在相同仪器和相同样品厚度的条件下，比较两条谱带强度通常可获得某特殊基团或元素存在的信息。若分子中含有一些极性较强的基团，就将产生强的吸收带。

④ 和标准谱图进行对照。定性分析需要利用纯物质的谱图进行校验。查对标准谱时要注意两点：一是被检测物质和标准谱图上的聚集态和制样方法应一致；二是对指纹区要仔细对照，因为指纹区的谱带对结构上的细微变化都很敏感。

2) 定量分析

与其他吸收光谱定量分析一样，拉曼光谱定量分析是根据峰强度来进行的。如果有标准样品，并且标准样品的吸收峰与其他成分的吸收峰重叠少，则可以采用标准曲线的方法进行分析，即配制一系列不同含量的标准样品，测定数据点，作出曲线。常用分析校准方法是在同样的条件下，分别测定标准溶液浓度和样品溶液浓度和吸光度，即可由下式求出待测物的浓度。

$$I = K\Phi C \int_0^b e^{-(\ln 10)(k'+k)z} h(z) \mathrm{d}z \tag{16.2}$$

一般来说，任何两种不同的化合物均有不同的拉曼谱图，即各谱带的波数和强度不同，对化合物可进行定性的分析鉴定。而另一方面，不同化合物中同一基团或化学键又能给出大致相近的拉曼谱带，因此又可进行基团的鉴别。

拉曼光谱技术几乎不需要样品制备，就可直接测定气体、液体和固体样品，并且可用水作为溶剂。由于水的拉曼散射光谱极弱，因此当样品中含有水溶液、不饱和碳氢化合物、聚合物结构、生物和无机物质及医药品等时拉曼光谱比红外光谱分析法优越，在材料结构研究中成为重要的分析工具。

【实验结果与数据处理】

将所测的拉曼光谱图与样品标准图谱进行对比，通过拉曼峰位的对比判断样品是否有杂质相。

【注意事项】

(1) 测得某种物质的拉曼光谱图后，先注意 1500 cm^{-1} 的分界点。1500 cm^{-1} 以上的谱带必定是一个基团的频率，解释通常是可靠的，一般可确信其推论。因此，解释谱图通常从高波数端开始。1500 cm^{-1} 以下的区域为指纹区，该区域的谱带可以是基团频率也可以是指纹频率。通常，频率越低，频带特征就越决定于基团，即使在这个区域内有 n 个谱带具有某一基团的确切频率也不一定能断定这个基团存在。一般来说，在指纹区内某一基团频率的不存在比它的存在更可靠的判断准则。

(2) 与红外光谱配合需注意事项：

① 相互排斥原则。凡具有对称中心的分子，若其红外光谱是活性的，则其拉曼光谱就是非活性的；反之，若拉曼光谱是活性的，则其红外光谱是非活性的；

② 相互允许规则。没有对称中心的分子，其红外光谱和拉曼光谱一般都是活性的；

③ 拉曼光谱对分子骨架较灵敏，红外光谱对连接在骨架上的官能团较灵敏；

④ 与红外光谱相比，水对拉曼光谱影响较小，拉曼光谱较适合于进行水化物的结构测定。

【思考题】

1. 简述瑞利散射与拉曼散射的区别。

2. 简述激光拉曼光谱的实验原理。

3. 拉曼光谱与红外光谱有哪些异同点？

实验十七　电子材料的俄歇谱(AES)测试

俄歇电子能谱(Auger Electron Spectroscopy)主要用作表面元素的成分分析,它具有较高的灵敏度和小得多的分析区域(分析面积或更小),它是表面科学研究中重要的工具之一,在金属材料、半导体和电子工业、无机材料、化学化工、环境控制等许多应用领域都是十分重要的分析手段之一。

【实验目的】

1. 了解俄歇能谱仪的基本原理。
2. 掌握俄歇能谱仪表面分析的基本方法。

【实验原理】

用一定能量的电子束轰击样品,使样品原子的内层电子电离,产生俄歇电子。俄歇电子从样品表面逸出进入真空,被收集并进行分析。由于俄歇电子具有特征能量,其特征能量主要由原子的种类确定,因此测试俄歇电子的能量,可以进行定性分析,确定原子的种类,即样品中存在的元素;在一定条件下,根据俄歇电子信号的强度,可确定元素含量,进行定性分析;再根据俄歇电子能量峰的位移和形状变化,获得样品表面化学态的信息。

俄歇过程和俄歇电子:当激发束(电子束或者 X 射线)照射到固体表面时,非弹性散射衰减形成初始激发,产生可以逃逸到真空中的低能二次电子。表面原子内电子层所产生的空位可以导致两类电子的弛豫跃迁:一类电子填充内层空位,将多余的能量以 X 射线形式发射出原子,形成具有原子特征的能量色散谱(EDS, Energy Dispersive Spectroscopy);另一类电子填充内层空位,将多余的能量传递给另一个电子,使其摆脱原有轨道的束缚,并逃逸出原子,形成具有一定动能的俄歇电子。图 17.1 为典型的俄歇电子效应原理示意图,其中外来的激发源与原子发生相互作用,把内层轨道(K 轨道)上的一个电子激发出去,在 K 轨道上产生一个空穴,形成了激发态正离子。在激发态离子的退激发过程中,外层(L 轨道)的一个电子填充到内层空穴,释放出的能量,促使次外层(L 或 L 以上轨道)的电子激发发射出俄歇电子。能够逃逸出原子的俄歇电子大多数来自距样品表面非常短的距离,典型值为 0.3~3 nm,通过能量分析器可以收集并测定逃逸出的俄歇电子动能。

俄歇电子能谱仪主要是对样品表面种类、成分及化学态信息进行技术分析的仪器,其特点:

(1)分析薄层,能提供固体样品表面 0~3 nm 区域薄层的成分信息;

(2)分析元素广,可分析除 H 和 He 以外所有元素,对轻元素敏感;

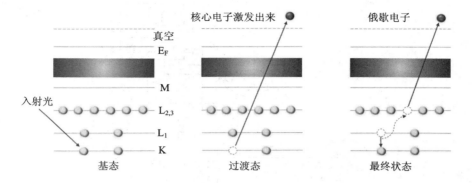

图 17.1　俄歇跃迁过程示意图

（3）分析区域小，可用于材料中区域内的成分变化的分析；

（4）具有提供元素化学态的能力；

（5）具有测定深度-成分分布的能力；

（6）对于多数元素，定量检测的灵敏度为 1.0。

俄歇电子能谱仪对样品表面成分十分敏感，一般情况下：

（1）具有较低蒸汽压（不易挥发）的固体无需处理；蒸汽压高的材料可进行冷却处理；许多液体样品可用冷却方法或作为薄膜涂在导电物质上进行处理；

（2）能分析的单颗粉末粒子直径小至 1 μm，最大样品尺寸取决于具体仪器，一般尺寸为 15 mm^3，样品表面最好是平整状态。

俄歇电子是由原子各壳层电子的跃迁产生的，因此，俄歇电子可以用原子的各壳层电子能级符号 K、L、M、N…表示轻元素主要为 KLL 跃迁，而重元素主要为 MNN 和 LMM 跃迁。

一个带空穴的原子，低能级壳层，俄歇跃迁是常见方式；而对高能壳层，俄歇跃迁或 X 射线发射的可能性相同。因此，除 H 和 He 外的所有元素，其俄歇产额都很高，并对轻元素的检测特别灵敏。

俄歇电子中只有从接近样品表面区域逸出的电子，才会不损失其能量，作为分析信息的俄歇电子。这个无能量损失的电子逸出平均深度常被称为逸出深度，它是电子动能的函数。在俄歇电子的感兴趣能量范围内，逸出深度为 0.42 nm，约为几个原子层厚，如此小的信息深度，正是俄歇电子能谱称为表面敏感分析技术的原因。

【实验仪器】

俄歇谱仪器的核心部分包括，超高真空系统、电子枪、离子枪、电子能量分析器以及计算机数据采集和处理系统，如图 17.2 所示。该系统具有测量直接谱、线扫描、元素成分和深度剖析的强大功能。

用于俄歇谱仪中的样品要求表面十分清洁，为此常在分析前用溅射离子枪对样品表面进行清洗，以清除附着在样品表面的气体分子和污物，离子枪还可以对样品进行离子刻蚀，以进行样品化学成分的纵向分布测定。

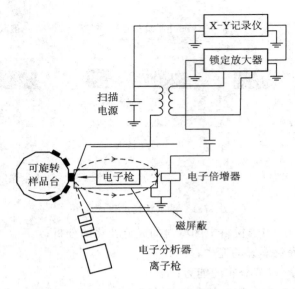

图 17.2　俄歇电子能谱仪结构示意图

【实验内容与步骤】

1. 样品表面的处理

在表面分析时，由于样品在空气中极易吸附气体分子(包括 O_2、CO_2 等)，这种现象是不可避免的。许多样品在分析中，常需对氧、碳元素进行分析，若在不溅射的条件下，分析结果中的氧、碳等元素，很难分清是样品表层自身的，还是吸附上的。因此，在对样品进行分析前，应先用离子束溅射样品，去除污染物。

分析样品晶界或断裂面的元素分布情况时，需用设备配置的冲断装置，用液氮冷却，在低温下于样品室中将样品冲断，并对断裂表面进行分析。

2. 俄歇电子谱

俄歇电流是发射出的俄歇电子形成的电子电流，表示单位时间内产生或收集到的俄歇电子数量多少。由于样品中元素所产生的俄歇电子都具有特征值，从样品逸出深度内发射出的俄歇电子有可能不产生能量损失，因此，具有特征能量值的俄歇电子数量会出现峰值，有能量损失的俄歇电子或其他电子将形成连续的能量分布值。而且在分析区域内，某元素含量越多，产生的其特征俄歇电子数量也会越多。因此，俄歇电子能谱仪分析，将检测一定电子能量范围内，各能量值下的电子电流作为俄歇能谱仪定性、定量分析的基础，直观上通常把电子能量与对应的电流强度作为坐标轴得到电子能量分布图称为直接谱。

对于高背底上叠加小信号问题，常用微分谱来解决，用电子信号 $N(E)$ 对能量的一次微分 $dN(E)/dE$ 代替直接谱中的电子信号 $N(E)$，构成电子能量 E 与其对应的电子信号对能量的一次微分 $dN(E)/dE$ 之间的关系图，即微分谱，来突显较小的俄歇电子峰。此时，俄歇电子信号强度以正、负峰的峰与峰的高度差表示，常称为峰高。

直接谱和微分谱统称为俄歇电子谱。不论是直接谱或微分谱，俄歇电子峰的能量值是产生这些俄歇电子的元素的特征值，与元素有着对应关系；俄歇电子信号的大小与产生这些俄歇电子的样品中的元素的原子数成正比，这构成了俄歇电子谱定性、定量分析的基础。

3．定性分析

实际分析的俄歇电子谱图是样品所含各元素俄歇电子谱的组合，根据测试获得的俄歇电子谱中峰的位置和形状与手册中提供的纯元素的标准谱图进行对比来识别元素的种类，是俄歇电子能谱仪定性分析的主要内容。

（1）根据对样品材质和工艺过程的了解，选一个（或数个）最强峰，利用主要俄歇电子能量图（或分析人员经验），初步确定样品表面可能存在的元素，然后利用标准俄歇图谱对这几种可能的元素进行对比分析。

（2）分析时各元素除考虑最强峰的位置外，各峰的相对位置、强度大小和形状往往也要考虑。若某种元素的峰对应上，就可确定元素种类。在认定峰位时，与标准值发生数电子伏特的位移是允许的。另外，当某元素浓度低时，其俄歇峰强度较弱，峰高较小，不一定所有的该元素俄歇峰都会出现，可能只有最强的一、两个峰出现，出现的峰对应上就可以了。

（3）若谱图中已无未有归属的峰，则定性分析结束；若还有其他峰，可能还有其他元素存在，可按照步骤（1）对剩余峰再进行分析。

（4）分析某元素时，会遇到该元素的某个峰的强度和形状发生异常，这时就要考虑峰的重叠问题，即可能与其他元素的某个峰重叠了。若有微量元素，其峰位与其他元素强峰相重叠，不会造成强峰较明显的异常，这时分析要特别注意，但这种情况较少发生。

此时若还存在未有归属的峰，考虑它们可能不是俄歇峰，可能是遇到一次电子能量损失峰。另外，目前通过俄歇电子能谱对样品进行定性分析，可通过能谱仪中的计算机软件自动完成。但对某些重叠峰和微量元素的弱峰，还是要通过人工分析来进一步确定。

4．定量分析

定量分析是根据测得的俄歇电子信号的强度来确定产生俄歇电子的元素在样品表面的浓度。由于俄歇电子的产生与元素的原子个数直接相关，因此，对元素的浓度一般用原子分数 C，即样品表面区域单位体积内元素 X 的原子数占总原子数的分数（百分比）来表示。目前，实用定量分析方法有两类：标准样品法和相对灵敏度因子法。

在俄歇电子能谱仪中，定量分析法主要是相对灵敏度因子法，可通过计算机直接进行计算。分析过程如下：

（1）对样品进行全谱分析，通过定性分析，确定样品中含有的所有元素种类。

（2）用直接谱计算时，根据每个元素的峰形，可选择面积法或峰高法进行计算，获得各元素的浓度值。

（3）若选用微分谱计算，可对全谱进行微分处理，并获得样品的微分谱；根据各元素的峰峰高值进行计算，获得结果。

5．成分深度分析

成分深度分析主要分析样品的元素及含量随深度的变化，一般采用能量为 $0.5\sim$ 5 keV 的惰性气体氩离子溅射逐层剥离样品，并用俄歇电子能谱仪对样品原位进行分析。

这样可直接获得俄歇电子信号强度 I 和溅射时间 t 的关系曲线，而俄歇电子信号强度按定量分析法能方便地转换为元素的含量。下面讨论溅射时间转换为溅射深度的问题。

溅射时间与深度的变换，从理论上讲，某一时刻 t 的深度 $z(t)$ 可由溅射速率 $Z(t) = \dfrac{\mathrm{d}Z}{\mathrm{d}t}$ 来求得

$$z(t) = \int_0^t Z(t)\mathrm{d}t \tag{17.1}$$

而

$$Z(t) = \frac{M}{\rho N_A e} S j_P \tag{17.2}$$

其中，M 为摩尔质量，N_A 为阿伏伽德罗常数，e 为电子电荷，ρ 为密度，S 为溅射产率，j_P 为离子束流密度。若 $Z(t)$ 为常数，则 $z(t) = Z(t)t$。

而实际上溅射速率与样品元素组成、含量、溅射离子种类、能量和入射角等因素有关，很难通过计算获得精确的溅射深度值，但可根据上述公式，将溅射速率认定为常量，并不考虑离子束入射角及样品其他组分对基体溅射速率的影响，查阅有关参数和读取设备工作参数，先算出 $Z(t)$，然后根据溅射时间算出 $z(t)$ 值来。

目前常用的方法是标定法，当对某一样品进行分析时，以同样的实验条件对参考标样（厚度已知）作溅射，根据两者溅射时间的比较，可获得分析样品的溅射深度相当于参考标样的厚度，一般参考标样有 SiO_2/Si 和 Ta_2O_5 等，但实际应用中，还是常用溅射时间来间接表示溅射深度。

成分深度分析有两种工作模式：一种为连续溅射式，即离子溅射的同时进行 AES 分析；另一种是间歇溅射方式，离子溅射和 AES 分析交替进行，这能使深度分辨率得到改善。

【实验结果与数据处理】

利用俄歇电子测量不同深度下样品成分的数据，绘制曲线，计算元素含量比，并分析薄膜原子百分比的体分布是否均匀。

【注意事项】

对样品进行分析前，应先用离子束溅射样品，去除样品污染物。

【思考题】

1. 什么是俄歇电子？
2. 俄歇电子能谱仪的测试原理是什么？
3. 测试之前为什么要对样品进行离子束溅射？

实验十八　半导体材料晶面的光学定向

目前，半导体研究和生产所用的材料仍以硅、锗以及化合物半导体为主，它们的结构主要是金刚石结构、闪锌矿结构和纤维矿结构。晶体具有各向异性特征，在不同的晶轴方向，它们的物理性能，化学性能差别非常大。例如：晶面的法向生长速度、腐蚀速度、杂质的扩散速度、氧化速度、以及晶面的解理特性等，都和晶体的取向有关。在科研和生产中，由于制造器件的目的不同，往往也要求所用半导体材料的晶向不同。所以，对晶面进行定向测量至关重要。

晶面定向就是要确定单晶体的表面与某指定基准晶面之间的夹角。晶面定向测量的方法很多，比如解理法、X 射线劳埃法、X 射线衍射法、光学反射图像法等。然而相比之下，光学反射图像法不仅设备简单、操作方便、定向准确、可靠，而且能够处理任何半导体应用中的定向测量问题。

【实验目的】

1. 掌握光学反射图像法测定单晶晶面方向的原理。
2. 掌握激光晶轴定向仪的使用方法。
3. 学会使用激光晶轴定向仪测量硅单晶(111)和(100)晶面的定向技术。

【实验原理】

对半导体材料采取适当的预处理(主要有腐蚀法和研磨解理法)，晶体的表面就会出现大量的蚀坑，暴露出某种与结晶学构造有关的表面结构。这些蚀坑边缘上的几个侧面是另一些具有特定的结晶学指数的低指数晶面族，这些侧面按照轴对称的规律围绕着蚀坑的底面，构成各种具有特殊对称性的蚀坑构造，由于各晶向的对称性不同，导致蚀坑的形状也不相同。所以，晶体在一定的侵蚀条件下，被侵蚀表面会出现具有规则形状的蚀坑，这种蚀坑形状具有一定的结晶学取向，因而蚀坑形状可用来测定晶体的取向。

单晶表面经适当的预处理(如腐蚀法)处理，在金相显微镜下将观察到许多腐蚀坑，即所谓金相腐蚀坑(或称晶向的光像小坑)。晶体在遭受化学腐蚀剂腐蚀时，通常出现明显的各向异性。那些低晶面指数的晶面腐蚀速度较慢，原因是低晶面指数的晶面具有较大的原子面密度，晶体的内部原子间的相互结合力较强，而暴露在晶体外部的不饱和键的数目较少或较弱，从而具有比较好的化学稳定性。这些小坑对于不同晶面具有不同的形状，可以利用这些小坑进行光学定向。但由于光的散射和吸收较严重，使得反射光像较弱，图像不清晰，分辨率低。为获得满意的效果，可在晶体研磨后再进行适当腐蚀，使小坑加大。经过腐蚀处理的晶面，不但形状完整，且具有光泽。当一束细而强的平行光垂直入射到具有这种小坑的表面时，在光屏上就能得到相应的反射光像。腐蚀坑的线度约为 $10~\mu m$ 的数量级，而激光束的直径约为 $1~mm$，当一束细的平行光束投射在此端面上时，其反射光即按端面上与结晶学构造有关的表面结构在光屏上显示出特征光图。

例如，被测晶体表面接近或等于(111)晶面时，经过腐蚀处理后，在金相显微镜下会看到许多如图 18.1(a)所示的三角坑。此时，用一束平行光照射腐蚀后的硅表面，并通过一组简易的透镜系统，就会在屏幕上出现一个特定的三脚星像。这种方法被广泛用于各种光学定向测量中。近似于三角形的(111)平面边缘上的微小弯曲部分决定了星像的三只脚，而整个(111)平面经透镜系统反射后形成星像中心。当一束平行光束垂直入射至被测的(111)晶面上时，这三个侧面和截面将反射成如图 18.1(a)所示的光像。除这三条主反射线外，有时也可以看到另外三条次要的反射线，它们与主反射线的图像在光屏上呈 $60°$ 相位差。

以相同的方式，经腐蚀的{100}定向硅面露出大量的棱锥后形成坑，其腐蚀坑形状如图 18.1(b)所示。用一束光照射在硅表面上，反射成四脚星像。四棱锥底部的微小弯曲部分形成星像的四只脚，星像中心由四只脚精确给出。其反射光图为对称的四叶光瓣。

对于{110}晶面，其腐蚀坑形状如图 18.1(c)所示，它有两个{111}晶面与<110>方向的夹角为 $54°44'$，它们是光像的主要反射面；另有两个{111}晶面族与<110>方向平行或与(110)面垂直。当一束平行光束垂直入射到被测的{110}晶面上时，一般情况下形成由主反射面反射的光像，近似为一直线。如果样品做得好，入射光又足够强，则可能得到如图 18.1(c)所示的光像。

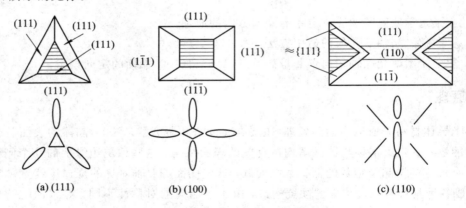

(a) (111)　　　　　　(b) (100)　　　　　　(c) (110)

图 18.1　低指数晶面腐蚀坑及其对应的光路图

光路图的对称性反映了晶体的对称性。光路图的中心光斑是由特征蚀坑的底面反射光束形成的，这底面又与相应的低指数晶面一致。若使光束与相应的低指数晶面垂直，则样品晶轴与入射光平行，我们就可以用光路图中的对称性直观的识别出晶向。

在定向操作中，光路图对称性的判别可以在光屏上同时使用同心圆和极坐标来衡量，如图 18.2 所示。

当将光像图调整到高度对称，也就是每一个光瓣都落在极坐标刻度线且处于同心圆上时，这时光轴就给出相应的晶向。如果反射光像图中几个光瓣不对称(光瓣大小不同，光瓣之间的夹角偏离理论值)，则说明被测晶面与基准晶面(或晶轴)有偏离。适当调整定向仪

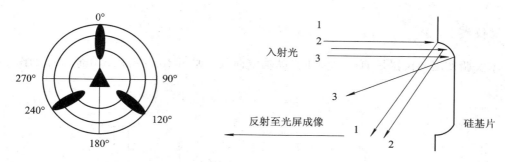

图 18.2　极坐标上{111}晶向对应光路图

夹具的各个方位调整机构(如俯仰角,水平角等),直至获得对称分布的反射光像图,使得基准晶垂直于入射光轴。这时垂直于入射光轴切割晶体,就可以得到与基准面符合的晶面。

上面介绍的定向方法称为直接定向法,它有一定的局限性。对于偏离度大于 9°的待测表面和一些指数较高的晶面,如(331)等晶面,由于对称性不够,无法根据光像图的对称性来直接定向。因此,在直接定向的技术基础上,运用晶带理论发展了一种间接定向技术。

在晶体中,如果若干个晶面族同时平行于某一根晶轴时,则前者总称为一个晶带,后者称为一个晶带轴。例如图 18.3 中的(001)、(113)、(112)、(111)、(221)、(331)、(110)等晶面都和[1 $\bar{1}$ 0]晶轴平行。因此上述晶面构成一个以[1 $\bar{1}$ 0]为晶带轴的晶带,它们相互间存在简单的几何关系。如果将一个晶面绕晶带轴转动某一角度,就可以将一个已直接定好方向的低指数晶面的空间位置由同一晶带的另一个晶面所取代,确定后一个晶面的方法就是用间接定向法。例如,图 18.4 中的(111)、(001)、(110)三个晶面同属以[1 $\bar{1}$ 0]为晶带轴的一个晶带,(111)与(110)的夹角为 35.26°,(111)与(001)的夹角为 54.74°。所以可以先用直接定向法使(111)晶面垂直于入射光轴,在光屏上得到三叶光图。然后使晶体绕光轴旋转,使三叶光像图中的一个光瓣与极坐标的 0°度线重合,此时[1 $\bar{1}$ 0]晶带轴处于水平位置,即与晶体夹具上的俯仰轴相平行。转动俯仰轴,前倾 35.26°,使(110)晶面垂直于光轴;若使晶体后仰 54.74°,即使(001)晶而垂直于光轴,这时垂直于光轴分别切割出的晶面即为(110)或(001)晶面。

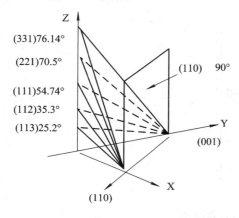

图 18.3　以[1 $\bar{1}$ 0]为晶带轴的不同晶面的相对方位

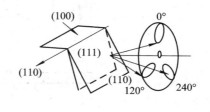

图 18.4　(111)晶面特征光图与(100)晶面方位关系

【实验仪器】

本实验使用的仪器是 JD—1 型激光晶轴定向仪，如图 18.5 所示，其原理图如图 18.6 所示。

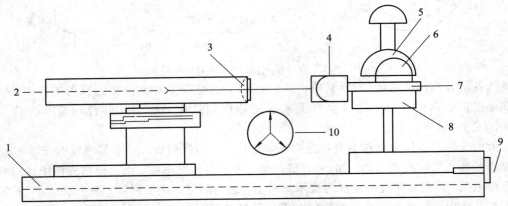

1—底板；2—He-Ne 激光管；3—光频；4—被测单晶；5—升降紧固手柄；6—俯仰角调整螺丝；
7—燕尾托板；8—升降调整螺丝；9—水平角度调整螺丝；10—屏上的光图

图 18.5 激光晶轴定向仪示意图

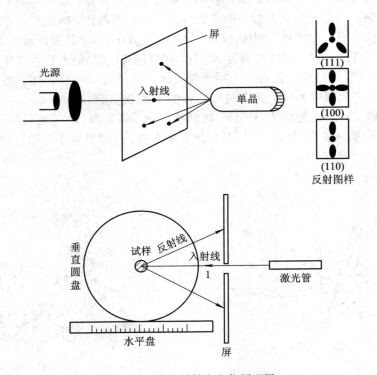

图 18.6 激光晶轴定向仪原理图

【实验内容与步骤】

1. 硅单晶样品制备

(1)将待定向的硅片用 208# 或 303# 金刚砂在平板玻璃上湿磨,使其一个端面均匀打毛到用肉眼可见许多微小的解理坑,用清水冲洗干净,然后放入腐蚀液中进行腐蚀。

(2)配制 5% 的 KOH 或 NaOH 溶液,将待腐蚀的硅片浸入盛有腐蚀液的烧杯,并使打毛端面向上。先在通风橱中进行电炉加热,进而在沸腾的腐蚀液中腐蚀数分钟,然后,用去离子水冲洗并干燥处理。

(3)在金相显微镜下进行样片腐蚀坑的形貌观察。

2. 样品端面晶向偏离度的测量

(1)接上 JD—1 型激光晶轴定向仪,接通 220 V、50 Hz 的电源。开启激光管,调整光屏,使激光束对准光屏上的透光小孔。

(2)将待测样品未打毛端面与一载玻片紧密接触,用烙铁在样片的边缘融蜡少许,使样品和载玻片粘接在一起(注意不要使蜡浸入样品和载波片之间)。再将载玻片的无样品一面与晶体夹具端面粘在一起。调节晶体夹具底座的轴向水平方向移动,使晶体夹具朝向激光光轴来回移动,并使激光照射在没有样品和蜡的载玻片表面部分。这时可以调节夹具的角度(水平角、俯仰角)或垂直升降,使载玻片反射光中心点与透光孔重合。记下此时各方位角 α_1、β_1。

(3)调节晶体夹具底座的轴向水平方向移动,使激光照射在载玻片上的样品部分,调节各方位角旋钮,使反射光图中腐蚀坑底的反射光中心点与光屏上的透光孔重合,此时的方位角定为 α_2、β_2。则 $\alpha_2 - \alpha_1$,$\beta_2 - \beta_1$ 即为某基准晶面轴向与晶体表面轴向(法向)的水平偏离度和垂直偏高度(关于偏离度的定量关系,请参阅附录),根据光图的分布可同时得知测定的晶面;

(4)将生长方向为(100)的单晶用同样的方法定向。

【实验结果与数据处理】

(1)标出反射光图与腐蚀坑形状的对应关系,注意光像图调整前后这种对应关系的变化。

(2)分析反射光图中的光瓣所对应的腐蚀坑部位。

(3)记录并标记偏离度。

【注意事项】

(1)激光管的正负极不能接反,激光管工作电流应小于 5 mA,否则容易损坏激光管。

(2)若腐蚀后的样品表面发暗,小坑不明显,则有可能发生氧化,需重新处理。

【思考题】

1. 腐蚀时间过长或腐蚀时间过短时,反射光图会出现什么情况?
2. 当调整确定出(111)面后,是否可定出{111}或{112}晶面?

实验十九 腐蚀金相法显示与测量单晶缺陷

通常用来制造电子器件的半导体材料是单晶体，这就要求材料的原子应严格按照一定的规律排列。在实际应用中，硅材料是不存在原子完全按晶格的周期性排列的，总是存在或多或少的缺陷。晶体的缺陷按照其几何形状分为点缺陷、线缺陷、面缺陷和体缺陷。晶体中的缺陷直接关系到器件制造的质量和成品率（例如，造成三极管 e－c 穿通，影响 PN 结的反向特性等）。因此通过缺陷的检测，得到单晶缺陷的数量及分布，并找出其与工艺的关系，便可以采取相应的措施，提高器件质量。

在这里主要讨论单晶体中的层错和位错。位错是指晶体的一部分相对于另一部分发生滑移时，在滑移部分与未滑移部分的交界处形成错位，该缺陷属于线缺陷；层错则一般在外延过程中，由于各种外界原因使得本该按照一定顺序排列的原子发生了错乱排列，属于面缺陷。

晶体缺陷的测量方法有很多，例如：腐蚀金相法、X 射线衍射法、电子显微镜观察法、缀饰－红外显微镜观察法等。本实验采用的是腐蚀金相法，该方法的设备简单，但只能观测到与被测点相交的位错线。

【实验目的】

1. 掌握金相显微镜的使用方法。
2. 了解硅单晶中位错的腐蚀显示方法。
3. 了解硅单晶外延层层错的显示方法。
4. 学会观察外延层的厚度。
5. 学会计算位错、层错密度。

【实验原理】

单晶硅理论上属于金刚石结构，而实际中整个单晶硅并没有完全按照金刚石结构排列整齐，总存在一些区域内点阵排列的规律性被破坏而形成的各类缺陷。缺陷区域不单单是在高应力区，而且极易使一些杂质富集在该区域内，使得缺陷区内的化学活泼性变得更强，对化学腐蚀剂的反应更敏感，这样就可以利用化学腐蚀剂对单晶硅片进行腐蚀，形成一些易于观察的腐蚀坑。

1. 层错的腐蚀

硅晶体属于金刚石结构，在(111)方向上的排列次序是：AA′BB′CC′AA′…，若某一晶面(A′)由于表面玷污、伤痕或晶格缺陷、原子在该处沉积等原因，使得表面某一区域出现反常，不是按照 A′原子面排列，而是按照 B 原子面排列，以此类推，则原子的排列形式成为：ABB′CC′AA′⋯，或者在正常排列过程中插入一层原子，形成排列方式：AAA′BB′CC′AA′⋯都可形成层错缺陷。

在(111)面的生长过程中，原子是按正四面体的排列方式生长的，每个原子和具有不同原子分布的一层中最邻近的三个原子组成正四面体，于是层错区域就以正四面体的形式逐渐向外展开，如图 19.1 所示。因而层错区在表面的边界一般呈正三角形，而且该界面属于(111)晶面。因而沿(111)方向，在外延层中形成以衬底表面上一点为顶点并由(111)晶面族围成的层错区，它是一个倒立的正四面体，如图 19.2 所示。

图 19.1　(111)面上 Si 原子按正四面体排列生长

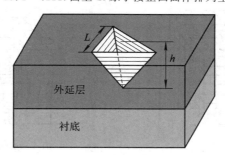

图 19.2　外延层中层错区域示意图

将层错正四面体的内部分开来看，原子的排列都是有规律的，但彼此不一致，在过渡的地方原子的排列是错乱的，三组倾斜的(111)面是过渡界面，那里的原子排列是不正常的，外延层表面正三角形的三条边上，原子的排列当然是混乱的。用化学腐蚀液腐蚀外延层表面，(111)面就可以出现正三角形的层错，由于大多数层错起源于衬底表面，因而它的大小与外延层厚度有关，起源于(111)衬底外延层层错正四面体的高就是外延层的厚度。因此在显示出层错图形后，测量其中最大的三角形边长 L，就可以求出外延层的厚度：

$$W = h = \frac{\sqrt{6}}{3}L \tag{19.1}$$

其中，L 和 h 皆在图 19.2 中标出，分别代表腐蚀坑的三角形边长和腐蚀坑的深度；而选取最大三角形的原因是，在生长外延层的过程中也可能产生层错，以确保得到的深度是外延层的厚度。

总之，由于层错的错排面都是硅晶体的密排面(111)面，所以与(111)表面的交线组成正三角形，与(100)表面的交线组成正四边形，与(110)表面的交线组成两个对顶的等腰三角形，图 19.3 中(a)、(b)、(c)分别显示了其腐蚀后的层错缺陷示意图。由于层错的错排面与表面交线处的晶格结构发生畸变，容易被腐蚀出现腐蚀坑，根据图19.2的示意图，可以看到在畸变的三个过渡面两边的晶格都为完整晶格，因此不被腐蚀，从而形成的腐蚀坑皆是空心的，腐蚀时间长短决定了三角形或正方形腐蚀槽的宽窄（即线条的粗细）而不影响长度。很容易理解顶角处畸变比过渡面面内的畸变更为严重，因此顶角的腐蚀坑最大，这也造成了我们真正观察到的三角形和四边形的棱角并没有理论上那么规则。

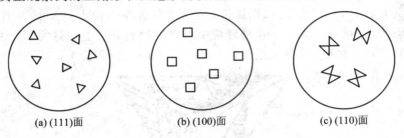

| (a) (111)面 | (b) (100)面 | (c) (110)面 |

图 19.3　层错缺陷腐蚀后示意图

2. 位错的腐蚀

位错主要有刃位错和螺位错两种，分别如图19.5和图19.6所示。图19.4是理想晶体。

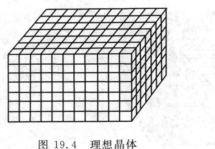

图 19.4　理想晶体

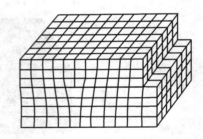

图 19.5　含有刃位错的晶体

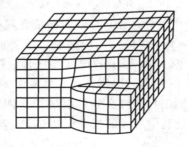

图 19.6　含有螺位错的晶体

由于位错属于线缺陷，晶格畸变是沿着一条线延伸下来的，贯穿于整个晶体，终止于表面或者形成闭环，因而在表面的交点是一个点状小区域。在腐蚀液作用下择优腐蚀形成腐蚀坑，坑侧面为(111)面（密排面）。在(111)晶面为表面时，其腐蚀坑是倒置正四面体（三角锥体），表面观测到的是实心三角形。在(100)晶面为表面时，其腐蚀坑是倒置四棱锥体，从表面观测呈实心正方形；在(110)晶面为表面时，腐蚀坑是对顶三角锥体，从表面看呈两个对顶实心等腰三角形。其腐蚀坑的大小随着腐蚀时间的增长而增大，但腐蚀坑数量不变。

对于(111)晶面硅单晶用腐蚀液腐蚀后，它们的位错腐蚀坑为黑的三角形。对于晶向没有偏离[111]时，刃位错可以看出三角形，螺位错可以看出螺线，如图 19.7 和图 19.8 所示；而偏离[111]晶向，腐蚀坑图形便会发生不规则变化。

图 19.7　(111)面刃位错图

图 19.8　(111)面螺位错

3. 层错、位错密度的测量

关于计算层错和位错的密度，我们利用密度的定义，某面积的腐蚀坑的个数除以该面积的大小，层错密度与位错密度定义相同，如下式：

$$N_D = \frac{n}{S} \tag{19.2}$$

式中，N_D 为层错(或位错)密度，单位个数/cm^2；n 为被观测面上腐蚀坑的个数(各区平均数)；S 被观测面的面积。

【实验仪器】

本实验使用的主要仪器是金相显微镜(其放大倍数不低于 100 倍)，其他的还有烧杯、量筒、胶头滴管、滤纸、计时器、镊子、去离子水等。

【实验内容与步骤】

(1) 配置抛光液：HF：HNO_3＝1：3。

(2) 配置腐蚀液：首先配好 CrO_3 标准液，即用 $50gCrO_3$ 溶解于 100CC 的去离子水中，然后将 CrO_3 标准液(50%)与 HF(40%)以 1：1 混合。

(3) 把样片(外延片)放入配好的腐蚀液中约一分钟，夹出片子，放入塑料缸内，连镊子一起用清洗水冲洗十次以上，然后夹出放在滤纸上，吸去水滴，准备观测。

(4) 打开金相显微镜的电源，将样品置于载物台上，调节粗/微调旋钮进行调焦，直到观察到清晰图像为止。

(5) 调整载物台的位置，找到所需的视场，观察样品的缺陷。

(6) 显微摄影。利用与金相显微镜相连接的数码相机对显微镜放大的图像进行拍摄。

(7) 将拍摄的图片存储后利用计算机中的"画图"软件对图片进行处理，然后利用文字处理软件(如 word 软件)制作相关文档,并打印输出。

(8)根据观察结果计算位错(层错)密度。测定时应在离样品边沿 2 mm 以内进行,对于位(层)错分布比较均匀的样品采用五点平均法,如图 19.9 所示;对于位(层)错很不均匀的样品,可采用分区标图法,如图 19.10 所示,每区各取三点,求平均值。

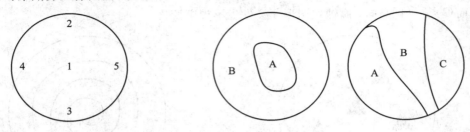

图 19.9 五点平均法   图 19.10 分区标图法

视场面积 S 的测定:可用一标准分划板代替样品放在显微镜样品台上,测出视场直径,从而求出视场面积。利用公式(19-2)求出层、位错密度。

(9)取下目镜,换上测微目镜,测出最大层错三角形的边长,计算外延层厚度。最大层错三角形的边长读数应为测微目镜读数除以物镜的放大倍数 β,所以实际厚度应该为

$$W = h = \frac{\frac{\sqrt{6}}{3}L}{\beta} \tag{19.3}$$

【实验结果与数据处理】

将图片打印输出,并通过式(19.3)计算层错实际厚度。

【注意事项】

(1)量筒仅用于测量,烧杯用于反应和溶液的配制。

(2)滴管用于控制溶液测量时的精确度。

(3)控制好腐蚀的时间,以便能够观察到准确的缺陷显示。时间过短显示不清晰,时间过长显示的形状与理论形状会有较大的偏差。

(4)在观测视场内腐蚀坑数目时,如果发现(111)晶向的单晶片或外延片上出现三角形的一个边或两个边,这同样说明在该处存在一个与表面相交的位错线,都应计算一个坑数。

【思考题】

1. 位错、层错是怎样形成的?缺陷一定对器件产生的是不良的影响吗?举例说明。

2. 采用金相腐蚀法显示和观测层错、位错,这种方法的原理是什么?有什么优缺点?寻找另一种测量层错、位错的方法,分析原理与金相腐蚀法作比较。

3. 查找文献,寻找出两种以上减少层错、位错的方法。

实验二十　椭偏法测量薄膜厚度

椭偏法测量薄膜厚度的基本思路是，起偏器产生的线偏振光经取向一定的 1/4 波片后成为特殊的椭圆偏振光，把它投射到待测样品表面时，只要起偏器取适当的透光方向，被待测样品表面反射出来的将是线偏振光。根据偏振光在反射前后的偏振状态变化（包括振幅和相位的变化），便可以计算出样品的厚度。

【实验目的】

1. 了解微电子器件工艺中薄膜厚度的测量方法。
2. 熟悉椭偏法的基本原理和椭偏仪的使用方法。

【实验原理】

椭圆偏振测量法，是分析偏振光束在界面或薄膜上反射或透射时偏振状态的变化，从而测得大块材料或膜系的光学参数、介电常数、膜厚等的一种非破坏性、高精度的光学测试分析方法。在物理、化学、电子、生物医学等学科领域中均有应用。

光学常数是对结构灵敏的物理测量，因而椭偏法还能研究表面过程（如从单分子层开始的薄膜生长，如氧化、吸附、淀积等）和表面结构（如离子注入损伤的研究等）等，是应用前景广阔的测试分析方法之一。

偏振光是光波振动方向完全有规则的光，有振动方向完全在一个方向内的平面偏振光，即线偏振光；还有两个互相垂直的振动合成所产生的椭圆或圆偏振光，因其合成光矢量末端在光传播方向截面上所描绘的是椭圆或圆而得名。

一束平面偏振光投射到膜表面，光与物质相互作用，使反射光或透射光表现为椭圆偏振光。这种偏振状态的变化，在椭圆偏振光法测量中，用椭圆偏振参量 ψ、Δ 来描述。ψ、Δ 反映了反射椭圆偏光中平行和垂直入射面的 p 波、s 波的振幅和相位的相对变化。因而 ψ、Δ 能度量各种膜的光学参数。

椭圆偏振光法中，测量 ψ、Δ 参数有消光法和光度法两种方法。消光法是利用光学元件的作用，给出能与被测膜实现相位补偿的等幅椭圆偏振入射光，使反射光变为线偏振光，再经检偏器消光，由 1/4 波片、起偏器、检偏器的方位角就可给出 ψ、Δ。而光度法是测量反射光的光强与检偏器方位角的关系，而测得 ψ、Δ。改变波长进行同样的测量，可得到膜系光学常数与波长的关系以及由此导出的其他有关参数，信息量较大。但因椭圆偏振光的特殊属性，尚需消光法的帮助才能核准各波长下的 ψ、Δ 值。

本实验目的是通过对厚无定形硅膜的 $n(\lambda)$、$k(\lambda)$ 及光学能隙的测量，学习并掌握椭偏光度法的测量原理和方法。

1. 椭偏光度法原理

椭偏光度法的理论基础是麦克斯韦方程组，由它可以导出描述偏振光在光学媒质界面上反射或透射的一组菲涅尔公式，这组公式就是椭偏光度法的理论依据。下面对薄和厚吸收膜系依透射光特性分别进行介绍。

1）空气、薄膜、衬底三相系

空气、薄膜、衬底构成均匀的三相系，其折射率分别是 n_1、$\tilde{n}_2 = n_2 - \mathrm{i}k_2$、$\tilde{n}_3 = n_3 - \mathrm{i}k_3$，这里 n_1、n_2 和 n_3 是媒质的折射率，k_2 和 k_3 是相应的消光系数。

当入射光以入射角 φ_1 投射至薄膜表面时，便分解为反射光和透射光。因薄膜透射光束将在薄膜、衬底和薄膜、空气界面处进行多次反射和透射，于是构成了类似透明膜平行反射面的多光束反射光，如图 20.1(a) 所示，其多光束干涉构成了总的反射光。

入射光是含有等幅、等相位的 p 波、s 波的线偏振光，若将其 p、s 光振幅均记为 1，那么可用两界面处的正、反向的反射、透射系数表示各次反射、透射光的复振幅。经推导，得膜系 p 光、s 光的反射系数 R_p、R_s，并将其比值定义为 $\mathrm{tg}\varphi\, \mathrm{e}^{\mathrm{i}\Delta}$，即

$$\mathrm{tg}\varphi\, \mathrm{e}^{\mathrm{i}\Delta} = \frac{R_p}{R_s} \tag{20.1}$$

而

$$R_p = \frac{r_{1p} + r_{2p}\, \mathrm{e}^{-\mathrm{i}2\delta}}{1 + r_{1p} r_{2p}\, \mathrm{e}^{-\mathrm{i}2\delta}} \tag{20.2}$$

$$R_s = \frac{r_{1s} + r_{2s}\, \mathrm{e}^{-\mathrm{i}2\delta}}{1 + r_{1s} r_{2s}\, \mathrm{e}^{-\mathrm{i}2\delta}} \tag{20.3}$$

$$2\delta = \frac{4\pi d}{\lambda}\sqrt{(n_2 - \mathrm{i}k_2)^2 - n_1^2 \sin\varphi_1} \tag{20.4}$$

式中，2δ 为相邻两反射光间的相位差；d 为膜厚，λ 为测量光波长；r_{1p}、r_{1s} 是空气-薄膜界面 p 波、s 波反射系数；r_{2p}、r_{2s} 是薄膜-衬底界面 p 波、s 波反射系数，它们均由菲涅尔公式给出，即

$$r_{1p} = \frac{(n_2 - \mathrm{i}k_2)\cos\varphi_1 - n_1 \cos\varphi_2}{(n_2 - \mathrm{i}k_2)\cos\varphi_1 + n_1 \cos\varphi_2} \tag{20.5}$$

$$r_{1s} = \frac{n_1 \cos\varphi_1 - (n_2 - \mathrm{i}k_2)\cos\varphi_2}{n_1 \cos\varphi_1 + (n_2 - \mathrm{i}k_2)\cos\varphi_2} \tag{20.6}$$

$$r_{2s} = \frac{(n_2 - \mathrm{i}k_2)\cos\varphi_2 - (n_3 - \mathrm{i}k_3)\cos\varphi_3}{(n_2 - \mathrm{i}k_2)\cos\varphi_2 + (n_3 - \mathrm{i}k_3)\cos\varphi_3} \tag{20.7}$$

$$r_{2p} = \frac{(n_3 - \mathrm{i}k_3)\cos\varphi_2 - (n_2 - \mathrm{i}k_2)\cos\varphi_3}{(n_3 - \mathrm{i}k_3)\cos\varphi_2 + (n_2 - \mathrm{i}k_2)\cos\varphi_3} \tag{20.8}$$

式中，膜及衬底中的折射角 φ_1、φ_2 由折射定律决定，即

$$n_1 \sin\varphi_1 = (n_2 - \mathrm{i}k_2)\sin\varphi_2 = (n_3 - \mathrm{i}k_3)\sin\varphi_3 \tag{20.9}$$

测量中要对波长进行扫描，在所测波长范围内，n_2、k_2、n_3、k_3 均是 λ 的函数，加上 d 就有 5 个变量。如 $n_3(\lambda)$、$k_3(\lambda)$ 关系已知，还有 3 个变量，需用通过改变环境、改变入射角或改变样品厚度的方法进行测量。通常用第三种方法，即制作同一工艺条件下不同厚度的三个以上的样品，分别测量不同波长下的 φ_i、Δ_i（其中 $i=1\sim N$，$N\geqslant 3$），再由式（20.1）~

式(20.9)选用适当的目标函数，进行数字反衍逼近求解，可得 $n_2(\lambda)$、$k_2(\lambda)$、d 等。

2）空气—厚吸收膜二相系

厚吸收膜复折射率为 $\tilde{n}=n-ik$，当含有等幅等相位 p、s 分量的线偏振光以 φ 角入射时，因膜厚能完全吸收折射光，而没到达另一界面的折射光，也就不存在前述的多光束干涉效应，只有零级反射光和折射光，正如图 20.1(b)所示。这样，膜系 p 波、s 波总反射系数就是 r_p，r_s 均可由菲涅尔公式直接给出，即

$$R_p = r_p = \frac{(n-ik)\cos\varphi - n_0\cos\varphi'}{(n-ik)\cos\varphi + n_2\cos\varphi'} \tag{20.10}$$

$$R_s = r_s = \frac{n_0\cos\varphi - n_0(n-ik)\cos\varphi'}{n_0\cos\varphi + n_0(n-ik)\cos\varphi'} \tag{20.11}$$

式中，φ 为由折射定律所定义的复数折射角，即

$$\cos\varphi' = \frac{\sqrt{(n-ik)^2 - n_0^2\sin^2\varphi}}{n-ik} \tag{20.12}$$

于是由式(20.1)得

$$\mathrm{tg}\varphi\, e^{i\Delta} = \frac{(n-ik)\cos\varphi + n_0\cos\varphi'}{(n-ik)\cos\varphi - n_0\cos\varphi'} \cdot \frac{n_0\cos\varphi + (n-ik)\cos\varphi'}{n_0\cos\varphi - (n-ik)\cos\varphi'} \tag{20.13}$$

将式(20.2)及空气折射率代入式(20.13)可得

$$n^2 = k^2 + \sin^2\varphi\left[1 + \frac{\mathrm{tg}^2\varphi(\cos^2 2\varphi - \sin^2 2\varphi)\sin^2\Delta}{(1 + \sin 2\varphi\cos\Delta)^2}\right] \tag{20.14}$$

$$k = \frac{\sin^2\varphi\,\mathrm{tg}^2\varphi\,\sin 4\varphi\,\sin^2\Delta}{2n(1 + \sin 2\varphi\cos\Delta)^2} \tag{20.15}$$

可见在某一波长下测得厚吸收膜的 φ、Δ 便可由式(20.14)、式(20.15)算得该波长下的 n、k 值。改变波长重复以上测量、计算，就得到 $n(\lambda)$、$k(\lambda)$ 及由 $k(\lambda)$ 给出的光学能隙。

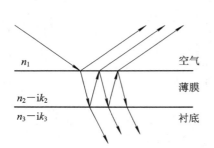
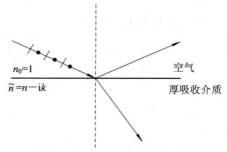

(a) 椭偏光在薄膜吸收膜系中的多光束反射和透射   (b) 椭偏光在空气-厚吸收膜界面上反射和透射

图 20.1   椭偏光在均匀媒质中反射和透射

2. 椭偏光度法 φ、Δ 测试原理

实验所用的静态椭偏光度法测试系统如图 20.2 所示。氙灯发出的光经光栅单色仪分光给出单色光(注：为增加光色，可在单色仪入射狭缝前及出射狭缝后加聚光镜)由凹面镜反射后，作为椭偏仪的入射光，经方位角固定在 45°(从入射面算起)的起偏器上，变成具有等幅、等相位的 p 波、s 波的线偏振光，以 70°的入射角投射于样品表面。其反射光经检偏器投入光电倍增管，最后将放大的光电流取样输入函数记录仪，记下对波长扫描的光强数据。

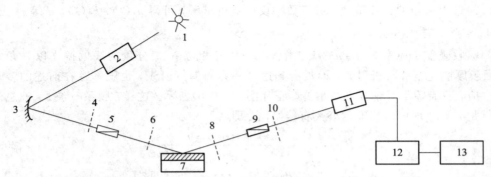

1—氘灯；2—单色仪；3—凹面镜；4、6、8、10—光圈；5—起偏器；7—样品；
9—检偏器；11—光电倍增管；12—放大指示系统；13—函数记录仪

图 20.2　椭偏光谱（静态椭偏光度仪）测试系统简图

用静态椭偏仪测量 φ、Δ 有两种简易的方法。它们都将起偏器方位角固定于 $+45°$，不同的是读取哪种取向的检偏器下的光强的问题。

1）两点法

反射的椭圆偏振光（如图 20.3 所示），经检偏器后其光强与检偏器方位角 θ 的关系为

$$I = I_0 [1 + \cos2\chi \cos2(\theta - \alpha)] \tag{20.16}$$

式中，I_0 为平均光强，α 为椭圆方位角，χ 为椭圆率，其定义是 $\mathrm{tg}\chi = b/a$，a 和 b 分别为椭圆的长、短半轴，这里，$0° \leqslant \chi \leqslant 45°$。由式（20.16）有

$$\theta_{\max} = \alpha \tag{20.17}$$

$$\theta_{\min} = \alpha \pm 90° \tag{20.18}$$

$$\frac{I_{\max} - I_{\min}}{I_{\max} + I_{\min}} = \cos2\alpha \tag{20.19}$$

而 φ、Δ 与 α、χ 间有如下关系：

$$\mathrm{tg}\Delta = \pm \frac{\mathrm{tg}2\chi}{\sin2\alpha} \tag{20.20}$$

$$\cos2\varphi = -\cos2\chi \cos2\alpha \tag{20.21}$$

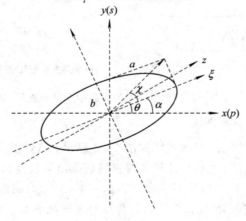

图 20.3　$\pi(p)$、$y(s)$ 及 ξ、η 两坐标系中的椭偏光

这样在某一波长下，测得 I_{max}、I_{min} 及 θ_{max}、θ_{min} 原则上可定出 φ、Δ 值。然而依椭偏参数的定义，φ、Δ 的值域为：$0°\leqslant\varphi\leqslant90°$，$0°\leqslant\Delta\leqslant360°$，由式（20.20）可见，在某波长下，尽管各自有确定的值，但由它解得的 Δ 却可以取四个不同的值，分别落在四个不同的象限中，这就是 Δ 的多值性问题。

由互为垂直的两波长在不同相位差下合成所得的各种椭圆偏振光（见图 20.4）可见，同一取向的椭圆，其 Δ 有左旋和右旋不同旋向下的两个 Δ 值。这样，椭圆取向由 α 确定后，需确定椭圆的旋向，Δ 才唯一确定。

光度法由 $I-\theta$ 数据尚不能给出椭圆旋向的信息。消光法是用相位补偿的方法定出 Δ 的，即它是将膜系造成的椭偏光中 p、s 光间相差变化量 Δ，通过起偏器、$\lambda/4$ 波片的共同作用补偿到 π 或 $0(2\pi)$。其补偿量由起偏器和一定取向的 $\lambda/4$ 波片的方位角给出，因而值也就唯一被确定。显然 $\lambda/4$ 波片起了重要作用。但椭偏光谱法，要在所测波长范围的任一波长下，加入相应的 $\lambda/4$ 波片是困难的。而 632.8 nm 的波片易于得到，那么在这一波长下加入波片进行消光测量，就可单值地确定 632.8 nm 波长下的 Δ。然后，除去 $\lambda/4$ 波片，逐步改变波长，进行椭偏光谱的光度法测量，依物理参数的连续性和上述的特殊椭圆偏振态，便能单值地确定 $\Delta-\lambda$ 关系。

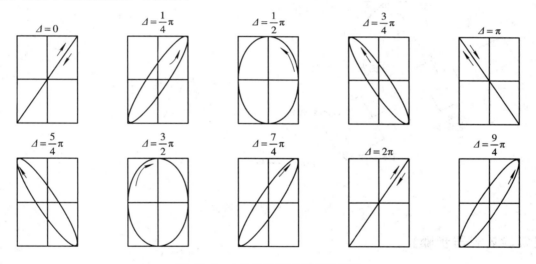

图 20.4　Δ 为各种值时的椭圆偏振

2）三点法

选用平行和垂直入射面的 $x(p)$、$y(s)$ 直角坐标系，导出的反射光光强之关系式是：
$$I(\theta) = 1 - \cos2\varphi \cos2\theta + \sin2\varphi \cos\Delta \sin2\theta \tag{20.22}$$
式中，θ 亦是检偏器方位角。当 θ 选用下述三特殊角时，式（20.22）十分简单，即
$$\theta = 0°，I(0°) = 1 - \cos2\theta \tag{20.23}$$
$$\theta = 45°，I(45°) = 1 + \sin2\varphi \cos\Delta \tag{20.24}$$
$$\theta = 135°，I(135°) = 1 - \sin2\varphi \cos\Delta \tag{20.25}$$
由式（20.23）、式（20.24）、式（20.25）可得出
$$\varphi = \frac{1}{2}\arccos\left[\frac{I(135°) - 2I(0°) + I(45°)}{I(135°) + I(45°)}\right] \tag{20.26}$$

$$\Delta = \arccos\left[\frac{I(45°) - I(135°)}{(I(45°) + I(135°))\sin2\varphi}\right] \tag{20.27}$$

　　显然这三点法使 φ、Δ 的计算简化，而且因检偏器也相对固定在某个方位上，故又可启用函数记录仪。即在起偏器固定于 45° 的情况下，将检偏器分别固定于三方位角下，使单色仪自动对波长扫描，函数记录仪自动跟踪记录。这样获得数据的速度和精度均可提高。

　　由于存在 Δ 的多值问题，仍要用 632.8 nm $\lambda/4$ 波片核准该波长的 Δ 值，然后用前述方法由近及远的逐步核准各个 Δ 值，给出准确的实验结果。

【实验仪器】

　　椭偏仪、有氧化膜硅片。

　　本实验使用的仪器是 JT75-1 型激光椭圆测厚仪，其结构如图 20.5 所示。概括起来，该仪器可分为电源、主机和接收器三大部分。使用该仪器前，请详细参阅仪器说明书，了解 JT75-1 型激光椭圆测厚仪结构和使用方法。

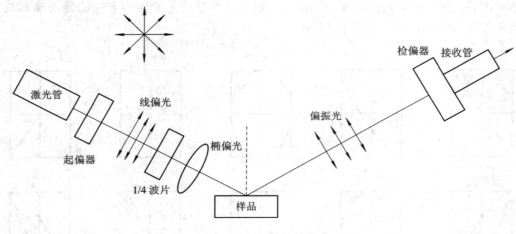

图 20.5　椭圆仪的结构图

【实验内容与步骤】

　　(1) 打开测试仪电源开关，预热。

　　(2) 调好光路。

　　① 将激光器出射光投入椭偏仪的入射光路，并准直。

　　② 将样品置于椭偏仪样品台上，调节样品台上相关螺钉，同时观察反射臂上光窗口，使其光路准直。

　　(3) 在有 $\lambda/4$ 波片情况下，消光测得 632.8 nm 的 φ、Δ 值。

　　(4) 移去 $\lambda/4$ 波片，将起偏器固定于 45°，将检偏器固定于 0°，同时启用单色仪和记录仪，抬笔试画，选好画笔位置以及波长扫描速率和记录走纸速度(注意它们间的换算)。一切调好后，从测量波长范围的最短波长开始，进行自动扫描测试，并落笔跟踪记录。

　　(5) 将检偏器再分别置于 45°、135°，重复上述测量，并注意做好有关参数的记录。

　　(6) 选几个波长点，用两点法测 φ、Δ。

【实验结果与数据处理】

（1）记录实验数据，计算 $\varphi(\lambda)$、$\Delta(\lambda)$。

（2）由式（20-14）、式（20-15）计算 $n(\lambda)$、$k(\lambda)$。

（3）将 $k(\lambda)$ 换算成 $\alpha(=4\pi k/\lambda)$，然后计算描绘出 $(\alpha h\nu)^{\frac{1}{2}}-h\nu$ 关系曲线，利用关系式

$$(\alpha h\nu)^{\frac{1}{2}} = B(h\nu - E_0) \tag{20.28}$$

由横轴上的截距求得无定形硅样品的光学能隙 E。

（4）用两种方法的测量结果，对方法、现象和精度进行分析。

【注意事项】

光路调整过程中，不要用眼睛直接观察激光束。

【思考题】

1. 考虑椭圆的旋向，$\mathrm{tg}\,\chi = \pm\dfrac{b}{a}$，为何在两点法的叙述中，$\mathrm{tg}\,\chi = \dfrac{b}{a}$ 呢？

2. 研究表明，非晶硅在 $0.315\sim0.75\ \mu\mathrm{m}$ 波长范围内，其吸收系数较单晶硅高一个数量级，试利用表面光电压实验中 α 的公式估算满足厚吸收膜条件的膜厚值。

3. 采用椭偏法测量薄膜厚度，为何两点法精度不如三点法？

实验二十一　四探针法测量半导体电阻率和薄层电阻

　　电阻率是半导体材料的重要电学参数之一，硅单晶的电阻率与半导体器件的性能有着十分密切的关系。因此，电阻率的测量是半导体材料常规参数测量项目之一。

　　测量电阻率的方法很多，如二探针法、扩展电阻法等。而四探针法则是目前检测半导体电阻率的一种广泛采用的标准方法。它具有设备简单、操作方便、精度较高、对样品的几何形状无严格要求等优点。

【实验目的】

　　1. 掌握四探针法测量电阻率和薄层电阻的原理及方法，并能针对不同几何尺寸的样品，掌握其修正方法。

　　2. 了解影响电阻率测量的各种因素及改进措施。

　　3. 了解利用阳极氧化剥层法求扩散层中的杂质浓度分布的方法。

【实验原理】

　　设样品电阻率 ρ 均匀，样品几何尺寸相对于测量探针的间距可看做半无穷大。引入点电流源探针的电流强度为 I，所产生的电力线有球面对称性，即等位面为一系列以点电流源为中心的半球面，如图 21.1 所示。在以 r 为半径的半球面上，电流密度 j 的分布是均匀的。

$$j = \frac{I}{2\pi r^2} \tag{21.1}$$

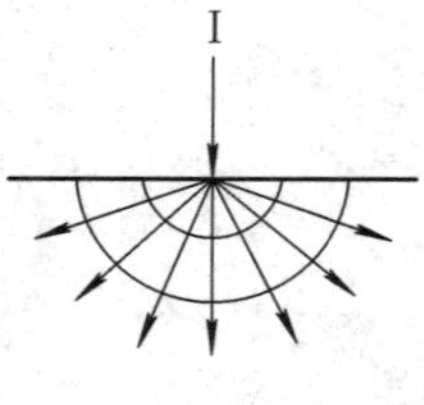

图 21.1　半无穷大样品上点

　　若 E 为 r 处的电场强度，则

$$E = j\rho = -\frac{I\rho}{2\pi r^2} \tag{21.2}$$

　　取 r 为无穷远处的电位 φ 为零，并利用

$$\int_0^{\varphi(r)} \mathrm{d}\varphi = \int_\infty^r -E\mathrm{d}r = -\frac{\rho I}{2\pi}\int_\infty^r \frac{\mathrm{d}r}{r^2}$$

则

$$\varphi(r) = \frac{\rho I}{2\pi r} \tag{21.3}$$

式(21.3)为半无穷大均匀样品上离开点电流源距离为 r 的电位与探针流过的电流和样品电阻率的关系式，它代表了一个点电流源对距离 r 处的点的电势的贡献。

如图 21.2 所示，四根探针位于样品中央，电流从探针 1 流入，从探针 4 流出，则可将探针 1 和探针 4 视为点电流源，由式(21.3)得到探针 2 和探针 3 的电位

$$\varphi_2 = \frac{I\rho}{2\pi}\left(\frac{1}{r_{12}} - \frac{1}{r_{24}}\right) \tag{21.4}$$

$$\varphi_3 = \frac{I\rho}{2\pi}\left(\frac{1}{r_{13}} - \frac{1}{r_{34}}\right) \tag{21.5}$$

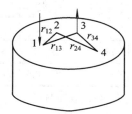

图 21.2 任意位置的四探针

探针 2、探针 3 电位差为

$$U_{23} = \varphi_2 - \varphi_3 = \frac{I\rho}{2\pi}\left(\frac{1}{r_{12}} - \frac{1}{r_{24}} - \frac{1}{r_{13}} + \frac{1}{r_{34}}\right) \tag{21.6}$$

由此可得出样品的电阻率为

$$\rho = \frac{2\pi U_{23}}{I}\left(\frac{1}{r_{12}} - \frac{1}{r_{24}} - \frac{1}{r_{13}} + \frac{1}{r_{34}}\right)^{-1} \tag{21.7}$$

式(21.7)就是利用直流四探针法测量电阻率的普遍公式。

实际测量中，最常用的是直线四探针，即四根探针的针尖位于同一直线上，并且间距相等。如图 21.3 所示。设 $r_{12} = r_{23} = r_{34} = S$，则有

$$\rho = 2\pi S\frac{U_{23}}{I} \tag{21.8}$$

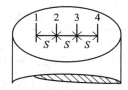

图 21.3 直线型四探针

式(21.8)就是常见的直线四探针(等间距)测量电阻率的公式，以上公式是在半无穷大样品的基础上导出的。实际上只要满足样品的厚度及边缘与探针之间的最近距离大于四倍探针间距即可满足精度要求。

若以上条件不能满足，则需要将式(21.8)修正为

$$\rho = \frac{2\pi S}{B_0} \cdot \frac{U_{23}}{I} \tag{21.9}$$

修正系数 B_0 与样品的尺寸及测试条件的关系见表 21.1，21.2。

表 21.1　四探针平行于样品边沿的修正系数

L/S \ S/d	0	0.1	0.2	0.5	1.0	2.0	5.0	10.0
0.0	2.000	1.9661	1.8764	1.5198	1.1890	1.0379	1.0029	1.0014
0.1	2.002	1.97	1.88	1.52	1.19	1.040	1.004	1.0017
0.2	2.016	1.93	1.89	1.53	1.20	1.052	1.014	1.0004
0.5	2.188	2.15	2.05	1.70	1.35	1.176	1.109	1.0977
1.0	3.009	2.97	2.87	2.45	1.98	1.667	1.534	1.512
2.0	5.560	5.19	5.34	4.61	3.72	3.104	2.333	2.795
5.0	13.863	13.72	13.32	11.51	9.28	3.744	7.078	6.699
10.0	27.726	27.43	26.71	23.03	13.56	15.49	14.156	13.938

说明：样品为片状单晶，四探针针尖所连成的直线与样品一个边界平行，距离为 L，除样品厚度及该边界外其余周界为无穷远，样品周围为绝缘介质包围。

表 21.2　四探针垂直于样品边沿的修正系数

L/S \ S/d	0	0.1	0.2	0.5	1.0	2.0	5.0	10.0	∞
0.0	1.4500	1.3330	1.2555	1.1333	1.0595	1.0194	1.0028	1.005	1.0000
0.1	1.4501	1.3331	1.2556	1.1335	1.0597	1.0193	1.0035	1.0015	1.0009
0.2	1.4519	1.3332	1.2579	1.1364	1.0637	1.0255	1.0107	1.0084	1.0070
0.5	1.5285	1.1163	1.3476	1.2307	1.1648	1.1263	1.1029	1.0967	1.0939
1.0	2.0335	1.9255	1.8526	1.7294	1.6380	1.5690	1.5225	1.5102	1.5045
2.0	3.7236	3.5660	3.4486	3.2262	3.0470	2.9090	2.3160	2.7913	2.7799
5.0	9.2815	8.8943	8.6025	8.0472	7.5991	7.2542	7.0216	6.9600	6.9315
10.0	18.5630	17.7886	17.2050	16.0994	15.1983	14.5033	14.0431	13.9199	13.8629

说明：样品为片状单晶，四探针尖所连成的直线与样品一个边界垂直，探针与该边界的最近距离为 L。除样品厚度及该边界外，其余周界为无穷远，样品周围为绝缘介质包围。

另一种情况是极薄样品，即样品厚度 d 比探针间距 S 小很多，而横向尺寸为无穷大，如图 21.4 所示，类似上面对半无穷大样品的推导，很容易得出，当 $r_{12} = r_{23} = r_{34} = S$ 时，极薄样品的电阻率为

$$\rho = \left(\frac{\pi}{\ln 2}\right)\frac{U_{23}}{I} = 4.5234\frac{U_{23}}{I} \tag{21.10}$$

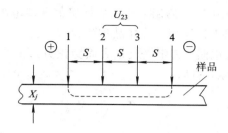

图 21.4　极薄样品电阻率的测量

直线四探针测量方法有以下两种。

(1) 平行。探针与样品一个边平行时电阻率测量如图 21.5 所示。

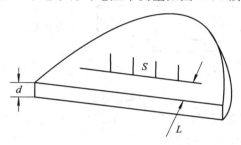

图 21.5　探针与样品一个边平行时电阻率测量

(2) 垂直。探针垂直于样品边缘的电阻率测量如图 21.6 所示。

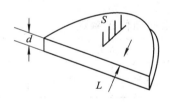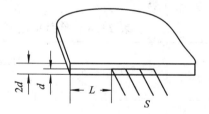

图 21.6　探针垂直于样品边缘的电阻率测量

当片状样品不满足极薄样品条件时,仍需按式(21.9)计算电阻率,其修正系数 B_0 见表 21.3。

表 21.3　薄样品的修正系数

S/d	B_0	S/d	B_0	S/d	B_0
0.1	1.0009	0.6	1.1512	1.2	1.7329
0.2	1.0070	0.7	1.2225	1.4	1.9809
0.3	1.0227	0.8	1.3062	1.6	2.2410
0.4	1.0511	0.9	1.4008	1.8	2.5083
0.5	1.0939	1.0	1.5045	2.0	2.7799
				2.5	3.7674

说明:样品为片状单晶,除样品厚度外,样品尺寸相对探针间距为无穷大,四探针垂直于样品表面测试,或垂直于样品侧面测试。

四探针法在半导体工艺中还普遍用来测量扩散层的薄层电阻，由于反向 PN 结的隔离作用，扩散层下的衬底可视为绝缘层。若样品扩散层厚度远小于探针间距 S，横向尺寸无限大，则薄层电阻又称方块电阻，其定义就是表面为正方形的半导体薄层，在电流方向所呈现的电阻，如图 21.7 所示，所以

$$R_S = \rho \frac{l}{l \cdot x_j} = \frac{\rho}{x_j} \tag{21.11}$$

进而得到

$$R_S = \frac{\rho}{x_j} = 4.5324 \frac{U_{23}}{I} \tag{21.12}$$

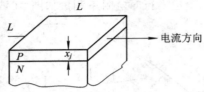

图 21.7　薄层电阻示意图

　　一般的扩散片尺寸不是很大，不满足式(21.12)的要求，同时又有单面扩散与双面扩散之分，因此需要将式(21.12)修正为

$$R_S = B_0 \frac{U_{23}}{I} \tag{21.13}$$

式中，B_0 见表 21.4 及表 21.5。

表 21.4　单面扩散样品薄层电阻修正系数

$\dfrac{b+d}{S}$	圆形	长方形			
		$\dfrac{a}{b}=1$	$\dfrac{a}{b}=2$	$\dfrac{a}{b}=2$	$\dfrac{a}{b}\geqslant 4$
1.0				1.9976	1.9497
1.25				2.3741	2.3550
1.5			2.9575	2.7113	2.7010
1.75			3.1596	2.9953	2.9887
2.0			3.3381	3.2295	3.2248
2.5			3.6408	3.5778	3.5751
3.0	4.5324	4.9124	3.8543	3.8127	3.8109
4.0	4.5324	4.6477	4.1118	4.0899	4.0338
5.0	4.5324	4.5790	4.2504	4.2362	4.2356
7.5	4.5324	4.5415	4.4008	4.3946	4.3943
10.0	4.532	4.5353	4.4571	4.4536	4.4535
15.0	4.532	4.5329	4.4935	4.4969	4.4969
20.0	4.5324	4.5326	4.5132	4.5124	4.5124
40.0	4.5324	4.5325	4.5275	4.5273	4.5273
∞	4.5324	4.5324	4.532	4.5324	4.5324

　　说明：四探针测试点在样品的中心。

表 21.5　双面扩散样品薄层电阻修正系数

$\dfrac{b+d}{S}$	圆	长方形			
		$\dfrac{b+d}{b+d}=1$	$\dfrac{a+d}{b+d}=2$	$\dfrac{a+d}{b+d}=3$	$\dfrac{a+d}{b+d}\geqslant4$
1.0				1.9970	1.9497
1.25				2.3741	2.3550
1.5			2.9575	2.7113	2.7010
1.75			3.1596	2.9953	2.9887
2.0			3.3381	3.2295	3.2248
2.5			3.6408	3.5778	3.5751
3.0	4.5324	4.9124	3.8543	3.8127	3.8109
4.0	4.5324	4.6477	4.1118	4.0899	4.0338
5.0	4.5324	4.5790	4.2504	4.2362	4.2356
7.5	4.5324	4.5415	4.4008	4.3946	4.3943
10.0	4.5324	4.5353	4.4571	4.4536	4.4535
15.0	4.5324	4.5329	4.4935	4.4969	4.4969
20.0	4.5324	4.5326	4.5132	4.5124	4.5124
40.0	4.5324	4.5325	4.5275	4.5273	4.5273
∞	4.5324	4.5324	4.5324	4.5324	4.5324

说明：四探针的中心点在样品中心。

$$R_s = B_0 \frac{U}{I} \tag{21.14}$$

单面扩散层电阻率计算见式(21.15)。

$$\bar{\rho} = B_0 \frac{U}{I} \chi_j \qquad \left(\frac{\chi_j}{S} < 0.5\right) \tag{21.15}$$

【实验仪器】

本实验的测试装置主要由探针头、恒流源、电位差计和检流计等组成。四探针头要求其导电性能好，质硬耐磨。针尖的曲率半径为 $25\sim50~\mu m$，四根探针要固定且等间距排列在一条直线上，其间距约为 1 mm，探针对样品的压力一般为 20 N 左右。

恒流源输出电流应能从微安级到几十毫安可调。为防止电流太大引起非平衡载流子注入或样品发热，不同电阻率样品测试电流的选择范围见表 21.6。

表 21.6　不同电阻率样品所需电流值

电阻率/Ωcm	电流/mA
<0.012	100
0.008~0.6	10
0.4~60	1
40~1200	0.1
>800	0.01

　　电位差计是采用补偿法测微小电压的仪器,其优点是测量线路和被测线路间都无电流流过。测试装置如图 21.8 所示。

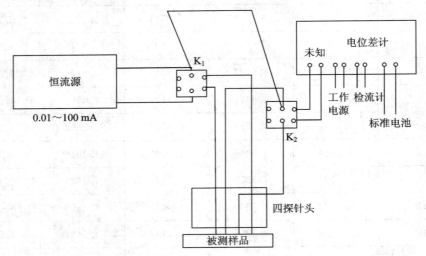

图 21.8　四探针测试装置示意图

【实验内容与步骤】

　　(1) 打开四探针测试仪 1394(SZ-82)电源,预热 5 分钟。

　　(2) 将电流档打到 1 mA,电压档打到 20 mV,对仪表进行"短路"和"自校"校准。

　　(3) 用金钢砂研磨样品表面,擦洗干净,以实现较好的欧姆接触。

　　(4) 按照四探针测试仪说明书调整测试电流。

　　(5) 测量样品电阻率。对每个测试点要求改变电流方向各测一次,求其平均值。

　　(6) 用千分尺及读数显微镜测量样品的几何尺寸以及探针离开样品边缘的最近距离,决定结果是否进行修正。

　　(7) 观察光照对不同电阻率样品测试结果的影响。

【实验结果与数据处理】

　　(1) 对所给样品测量不同的五个点,计算(修正)当 $I=1$ mA 时的电阻率 ρ。

　　(2) 对样品进行不同电流但被测点相同情况下的测量,计算(修正)同点电流不同时的电阻率 ρ。

（3）单晶断面电阻率不均匀度 E 的计算公式是：

$$E = \frac{\Delta\rho}{\rho} \times 100\% = \frac{\rho_{max} - \rho_{min}}{\frac{1}{2}(\rho_{max} + \rho_{min})} \times 100\%$$

式中，ρ_{max} 为所测的五个点中电阻率的最大值，ρ_{min} 为最小值，利用该式计算所测样品的断面电阻率不均匀度 E。

（4）计算扩散情况不同的样品的薄层电阻。

【注意事项】

测试时，样品需要打磨擦洗干净。以实现较好的欧姆接触。

【思考题】

1. 分析测量电阻率中误差的来源，指出公式 $\rho = 2\pi S \dfrac{U}{I}$ 和公式 $\rho = \dfrac{2\pi S}{B_0} \cdot \dfrac{U}{I}$ 的区别，应用的条件各是什么？

2. 如果只用两根探针既作电流探针又作电压探针，这样能否对样品进行较为准确的测量？为什么？

实验二十二　半导体材料霍尔系数的测量

若给置于磁场中的半导体材料加上与磁场方向垂直的电流，则在垂直于电流和磁场的方向会产生一附加的横向电场，这个现象是霍普斯金大学研究生霍尔发现的，后来被称为霍尔效应。霍尔效应是半导体磁敏器件的基础，测量半导体霍耳系数具有十分重要的意义。首先，根据霍尔系数的符号可以判断材料的导电类型；其次，根据霍尔系数与温度的关系可以计算载流子浓度，以及载流子浓度温度的关系，由此可确定材料的禁带宽度和杂质电离能；再次，用微分霍尔效应法可测纵向载流子浓度分布；最后，通过低温霍尔效应可以确定杂质补偿度。

【实验目的】

1. 掌握霍尔系数的测量原理和方法。
2. 掌握霍尔系数的计算方法。

【实验原理】

以 P 型硅为例，如图 22.1 所示。厚为 d，宽为 W 的一矩形半导体硅片，在 X 方向通电流密度 J_x，在 Z 方向加以磁场 H_z 时，则在磁力（洛伦兹力）作用下 Y 方向将产生一霍尔电场 E_Y。其大小正比于 J_X 和 H_Z，由此得：

$$E_Y \propto H_Z \cdot J_X = R \cdot H_Z \cdot J_X \quad (22.1)$$

其中，R 为霍尔系数。

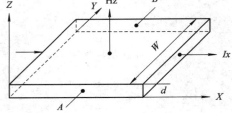

图 22.1　霍耳效应原理示意图

为测量 R，将式（22.1）转换为

$$\frac{(V_B - V_A)}{W} = \frac{R \cdot H_Z \cdot I_X}{W \cdot d} \quad (22.2)$$

移项得：

$$R = \frac{(V_B - V_A) \cdot d}{H_Z \cdot I_X} \quad (22.3)$$

如果电位差 $V_B - V_A$ 单位为 V，磁场 H_Z 的强度单位为 T，d 的单位为 cm，R 的单位为 cm^3/C 表示，这时式（22.3）应为

$$R = \frac{U_{AB} \times d}{H_Z \times I_X} \times 10^{-10} = \frac{U_H \times d}{B \times I_X} \times 10^{-6} \quad (22.4)$$

【实验仪器】

本实验使用的仪器有：样品及其支架 1 套、电磁铁 1 架、励磁电源 10 A/30 V 恒流电源 1 台、3 A/30 V 直流稳压电源 1 台、变阻器(滑线)2 个、半导体霍尔系数测试仪 1 台。

半导体霍尔系数测试仪是实验的核心部分。整个面板由量程为 10 mA 的直流电流表一只，量程为 10 A 的直流电流表一只、量程为 200 mV 的三位半数字电压表一只、换向开关 2 个，电位器一个以及样品插座等组成。励磁电流由外接电流源及滑线变阻器构成。面板布局如图 22.2 所示。

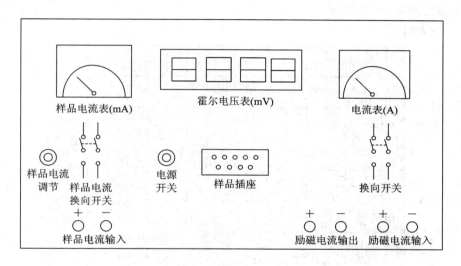

图 22.2　仪器板面示意图

【实验内容与步骤】

实验线路图如图 22.3 所示，其中，S_1 为励磁电流换向开关；S_2 为工作电流换向开关。

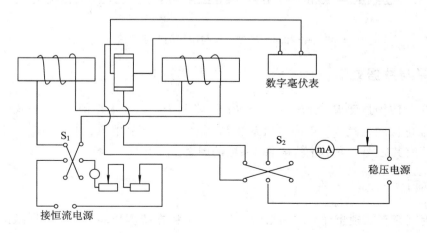

图 22.3　霍尔系数测量原理图

具体测量步骤：

（1）按图 22.3 所示接好电路，将样品放于磁场中。

（2）调整励磁电流大小（一般取 0.5～5.0 A，间隔 0.5 A），确定好磁极间距，根据图 22.4（磁场强度 B 和间距 L 以及励磁电流的关系曲线）查出磁场强度。

（3）调整样品电流 I（电流不宜大，一般可取 1 mA、2 mA、5 mA）。

（4）测量相同样品电流下不同磁场强度的霍尔电势差 V_{AB}，改变 I_X，H 方向，测出 $U_1(I_+，H_+)$、$U_2(I_+，H_-)$、$U_3(I_-，H_+)$、$U_4(I_-，H_-)$，并由 U_1、U_2、U_3、U_4 绝对值平均求出 V_{AB}，即为相应样品电流和磁场强度下的 U_H。

（5）测量完毕，关闭电源。

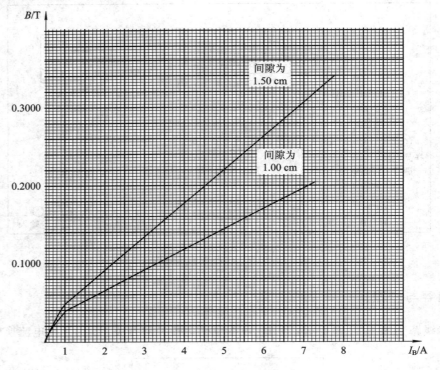

图 22.4　励磁电流与磁场的关系曲线

【实验结果与数据处理】

将查出的磁场强度 B，已知的 $d=1\times10^{-4}$ 米和 I_X，以及求出的 U_H 代入式（22.4）中求得不同样品电流和励磁电流下的霍尔系数 R；做出同一样品电流、不同励磁电流的霍尔系数曲线，观察其区别，并分析影响霍尔系数的因素。

【注意事项】

（1）对任意形状理想样品应满足以下条件：电极在待测样品周边，且接触面积为无限小；样品厚度均匀，无空洞。

（2）在霍尔系数测量中，伴随有其他的电流磁效应、热磁效应，以及附加电势差等，分别说明如下：

① 艾廷豪效应。当沿样品的 X 方向通电流 I，沿 Z 方向加磁场 B 时，在 Y 方向出现温度差，根据热电效应将在 Y 方向上产生电势差 U_E，U_E 与 I 和 B 成正比，且其极性总是与 U_H 相同。

② 能斯脱效应。由于两电流电极的接触电阻不同，电流流过时产生的焦耳热不同，造成沿电流方向（X 方向）的温度差。电子将由热端向冷端扩散，在 Z 方向存在磁场情况下，将在 Y 方向上产生电热差 U_N。U_N 的极性同磁场方向有关，与电流方向无关。

③ 里纪-勒杜克效应。当沿样品的 X 方向有热流流过时，在 Z 方向存在磁场时，沿 Y 方向出现温度差，从而在 Y 方向上产生电势差 U_{RL}，U_{RL} 的极性与磁场的方向有关，与电流无关。

【思考题】

1. 已知霍尔样品的工作电流及磁感应强度 B 的方向，如何判断样品的导电类型？

2. 已知霍尔器件的性能参数，采用霍尔效应法测量一个未知磁场时，测量误差来源有哪些？

实验二十三　高频C–V法测量半导体表面层的杂质浓度

半导体材料的掺杂类型及其杂质分布形态对 PN 结特性及由其构成的半导体器件性能具有决定性的影响，测量半导体材料掺杂后的杂质浓度与掺杂深度的分布关系即杂质分布形态是半导体器件制造工艺检测的重要内容。常用的杂质分布形态测试方法有阳极氧化剥层与四探针测量法、两探针测扩展电阻法及高频 C–V 法等，其中高频 C–V 法由于其测量杂质分布形态准确，测试方法简单在工艺参数测量中常被使用。

【实验目的】

测试整流结的高频 C–V 特性曲线，进而求得杂质浓度沿扩散深度的分布曲线 $N \sim d$ 关系。

【实验原理】

用金属-半导体接触形成一个良好的整流结。这种整流结是一个突变结，金属侧的载流子浓度远高于半导体一侧，结果使势垒区基本上都分布在半导体内。势垒是一个空间电荷区，在耗尽层近似下，势垒区是一个耗尽区，耗尽区内载流子数目很少。耗尽层宽度和外加偏压有关，外加反向偏压增大时，耗尽层宽度加宽，因而耗尽层空间电荷也增多。设空间电荷区电荷为 Q，则空间电荷区的微分电容 $C = \dfrac{\mathrm{d}Q}{\mathrm{d}U}$。

这个电容就是势垒电容，势垒电容 C 的大小和外加偏压 U、外延层的杂质浓度 N、结面积 A 有关：

$$C = A\left[\frac{\varepsilon_r \varepsilon_0 qN}{2(U_D - U)}\right]^{\frac{1}{2}} \tag{23.1}$$

其中，ε_0 为真空介电常数，$\varepsilon_0 = 8.85 \times 10^{-14}\,\mathrm{F/cm}$；$A$ 为结面积；ε_r 为半导体的相对介电常数（对 Si，$\varepsilon_r \approx 12$）；U_D 为整流结的接触电势差，U 为外加偏压，q 为电子电荷（$1.6 \times 10^{-19}\,\mathrm{C}$）。

如果测出结面积、外加偏压、势垒电容，则从式(23.1)式可以得到表面层的杂质浓度。但这样求出的杂质浓度是平均分布的杂质浓度。当杂质分布不均匀时，假定杂质浓度起伏不大，可按如下方法求杂质浓度。把式(23.1)作如下变换：

$$\frac{1}{C^2} = \frac{2(U_D - U)}{A^2 \varepsilon_r \varepsilon_0 qN} \tag{23.2}$$

$$\frac{d\left(\dfrac{1}{C^2}\right)}{dU} = \frac{-2}{A^2\varepsilon_r\varepsilon_0 qN} \tag{23.3}$$

$$N = \frac{-2}{A^2\varepsilon_r\varepsilon_0 q} \times \frac{1}{\dfrac{d\left(\dfrac{1}{C^2}\right)}{dU}} \tag{23.4}$$

由式(23.4)可以看出,只要测出不同偏压下的电容 C,画出 $\dfrac{1}{C^2}$-U 曲线,测出曲线的斜率 $\dfrac{d\left(\dfrac{1}{C^2}\right)}{dU}$ 和结面积,就可以算出对应不同偏压下的 N。注意,这样求出的 N 是势垒区边界处的杂质浓度,也就是外延层表面以下深度为 d 处的杂质浓度,d 就是势垒区宽度,d 和结电容 C 有如下关系:

$$C = A\frac{\varepsilon_r\varepsilon_0}{d} \tag{23.5}$$

测出不同偏压 U 下的势垒电容 C,就可由(23.5)式求出对应的外延层深度 d(自外延层表面算起),结合求出的不同偏压下的 N,就得到了 N-d 关系,亦即杂质浓度沿外延层的纵向分布。

【实验仪器】

CTG - 1 型高频 C - V 特性测试仪,探针台,样片。

【实验内容与步骤】

1. 测试前的准备工作

(1) 整流结的制备。制备整流结的方法很多,常用的方法有:蒸发法、化学镀法、水银探针法等。

蒸发法采用真空蒸发镀膜的方法在半导体表面淀积一层金属膜,经过合金处理形成突变结,采用光刻技术可以形成不同形状的结电容。

化学镀法是将预先配制好的金属液滴在样品表面上并烘干,在样品表面上形成一金属点,金属点与半导体之间形成一整流结。对 GaAs 样品金属液的配方(对 N 型 GaAs)一般用:

$$AuCl_2 : HCl : HF = 1g : 10\ ml : 2\ ml$$

在镀金属点时,面积不能过大,一般控制圆点直径在 0.5 mm 范围内。

对 Si 样品、GaAs 样品一般采用蒸发法预先制备测试结。

(2) 样片背面制备欧姆接触。半导体材料背底一侧必须制备欧姆接触电极。对于 GaAs 外延的低阻衬底片,可用涂合金的办法。合金配制如下:

$$Ga : In : Sn = 10 : 1 : 0.1$$

将三种材料称量后混合,放入烘箱加热形成低熔点的共熔合金,再把低阻衬底面在涂有合金液的玻璃板上轻轻摩擦,即可得到良好的欧姆接触。

对硅样品背面欧姆接触是在硅片背面放一滴水，使硅片和金属台座紧密接触，硅片背面应事先经过研磨，形成高复合的背底表面。由于水的介电常数很大，接触面积又很大，背底高复合表面和金属台座接触又处于正向偏置，所以其形成的阻抗比探针处整流势垒要小得多，可以忽略背底电极的接触电阻和电容，只考虑势垒电容。若在硅片背面电镀镍获得欧姆接触则效果更好。

2. 实验步骤

（1）用 CTG-1 型高频 C-V 特性测试仪进行测量，实验前应熟悉仪器的使用方法。

（2）判断硅材料的导电类型，决定所加偏压极性。

（3）调节样品台：把样品妥善放置在金属台座上（加一滴水于样品和金属台座之间），选择其中一个图形将探针加到样品的金属膜中心位置。

（4）检查样品的漏电流，把探针和样品接触观察漏电流大小，如有漏电流（超过 5 μA），需将样品取下在电炉上烘烤 3 分钟再测试，如仍不能满足要求需进行化学清洗。

（5）调整好样品后，即可测不同反向偏压下的势垒电容。

（6）由测出的数据画出 C-U 曲线。

（7）画出 N-d 关系曲线。

3. 实验要求

（1）选取外延片 N-Si、P-Si、N-GaAs、P-GaAs 四种类型（或 N-Si、P-Si 其中掺杂有不同杂质浓度的样片）。

（2）采用两种方法分别制成金属-半导体整流结，对比其效果差异及优劣（注意制备欧姆接触电极）。

（3）给出实验曲线及分析报告。

【实验结果与数据处理】

（1）用测量显微镜测出相应图形金属膜的面积。

（2）由测得不同偏压下的势垒电容 C、结面积 A 画出 $\dfrac{1}{C^2}$-U 曲线。

（3）从 $\dfrac{1}{C^2}$-U 曲线，求出不同偏压下的曲线斜率 $\dfrac{\mathrm{d}\left(\dfrac{1}{C^2}\right)}{\mathrm{d}U}$。

（4）利用式（23.4）、式（23.5）分别求出杂质浓度 N 和耗尽层深度 d，绘出 N-d 曲线。

（5）注意：数据处理时要注意单位制。式（23.4）和式（23.5）都是混合单位制，即 $q=1.6\times10^{-19}$ C，$\varepsilon_0=8.86\times10^{-14}$ F/cm；ε_r 无单位。对硅：$\varepsilon_r\approx12$，对 GaAs：$\varepsilon_r\approx11$。A 的单位为 cm^2，U 的单位为 V；杂质浓度 N 的单位为 1/cm^3，电容的单位为 pF（微微法拉），式（23.4）可化简为

$$N = 12.7\times10^3\,\frac{1}{\mathrm{d}\left(\dfrac{1}{C^2}\right)\Big/\mathrm{d}U} \tag{23.6}$$

【注意事项】

1. 实验前熟悉所用的 C－V 测试仪使用方法后方可通电。

2. 试验中注意记录有关数据，实验完毕，先将各种功能开关调到非工作状态，方可关闭仪器电源。

【思考题】

1. 如何保证整流结的质量？

2. 如何从 $\frac{1}{C^2}-U$ 曲线求出误差最小的 $N-d$ 关系？

实验二十四　表面光电压法测量硅中少子扩散长度

　　表面光电压法测量少子扩散长度是建立在光激非平衡载流子可以改变表面电势原理上的，即在表面电势改变量恒定的条件下，由光强对各光波长下吸收系数的倒数的关系外推，从而得到少子扩散长度。此方法测量少子扩散长度有以下两个优势：首先，表面光电压通过电容耦合方式进行监测，因而是非破坏性的测量方法；其次，该法能测出电阻率值低于 0.1 Ωcm 的 20 ns 的短寿命，是常规光电导衰退法所不及的。

　　半导体表面光照受激产生的非平衡载流子形成表面势垒，称为表面光电压。改变入射光的波长，调节光强用以保持表面光电压（即表面势）不变，可对硅单晶、抛光片、外延片以及很浅的 PN 结基体材料的少子扩散长度进行检测，且不受表面复合速度的影响。

　　本实验的目的是为了掌握恒定表面光电压法测量硅少子扩散长度的原理和方法，为该实验方法的应用奠定基础。

【实验目的】

　　1. 掌握恒定表面光电压法测量硅少子扩散长度的原理。
　　2. 掌握恒定表面光电压法测量硅少子扩散长度的方法。

【实验原理】

　　半导体材料表面自然氧化层中的电荷和界面态在半导体表面形成表面势垒。半导体表面受光照激发产生的非平衡电子-空穴对在表面势垒的作用下产生分离，并使表面势垒发生变化而建立起表面光电压。显然表面光电压是表面非平衡载流子的浓度函数，若用 U_S 表示自然状态下表面势，U_S^* 表示受光照射以后的表面势垒高度，$\Delta U = U_S - U_S^*$ 定义为表面光照电压。对于 N 型半导体

$$\Delta U = f[\Delta P(0)] \tag{24.1}$$

其中，$\Delta P(0)$ 是表面非平衡空穴的浓度。

　　当入射光为单色光，且非平衡少子空穴较平衡多子浓度小得多时，空穴一维连续方程为

$$D_p \frac{\mathrm{d}^2 \Delta P(x)}{\mathrm{d}x^2} - \frac{\Delta P(x)}{\tau_p} = -\alpha \eta I_0 (1-R) \exp(-\alpha x) \tau \tag{24.2}$$

式中，τ_p 是少子空穴寿命，α 是入射光在 Si 中的吸收系数，η 是量子效率，I_0 是入射光强，R 是入射光的反射系数。

在少子扩散长度 L_p 比样品厚度 d 少得多，光在半导体 Si 中传播的距离 $1/a$ 比样品 d 小，表面势垒宽度 W 比 $1/a$ 小得多时，式(24.2)的边界条件为

$$D_p \frac{\mathrm{d}\Delta P(x)}{\mathrm{d}x}\bigg|_{x=0} = S_p \Delta P(0) \tag{24.3}$$

$$\Delta P(\infty) = 0 \tag{24.4}$$

其中，S_p 为表面复合速度。

利用上述边界条件，式(24.2)的解为

$$\Delta P(x) = \frac{\tau_p \alpha \eta I_0 (1-R)}{1-\alpha^2 L_p^2} \exp(-\alpha x)$$
$$- \frac{\tau_p \alpha \eta I_0 (1-R)}{1-\alpha^2 L_p^2} \cdot \frac{S_p + D_p \alpha}{\frac{D_p}{L_p} + S_p} \exp\left(-\frac{x}{L_p}\right) \tag{24.5}$$

那么表面非平衡少数载流子浓度是

$$\Delta P(0) = \frac{\eta I_0 (1-R)}{\frac{D_p}{L_p} + S_p} \cdot \frac{\alpha L_p}{1+\alpha L_p} \tag{24.6}$$

或

$$\frac{L_p \eta (1-R)}{\left(\frac{D_p}{L_p} + S_p\right) \Delta P(0)} \cdot I_0 = \frac{1}{\alpha} + L_p \tag{24.7}$$

在所用波长范围内，R 和 η 随波长变化甚微，可视为常数，于是可写成

$$by = x + L_p \tag{24.8}$$

式中，$y = I_0$，$x = \frac{1}{\alpha}$，$b = \frac{L_p \eta (1-R)}{\left(\frac{D_p}{L_p} + S_p\right) \cdot \Delta P(0)}$。

从式(24.7)中可见，若改变入射波长，则调节光强 I_0 以保持表面载流子浓度 $\Delta P(0)$ 不变，即 ΔU 不变，因此 b 也是常数。故将在保持表面光电压 ΔU 不变条件下测量得到光强 I_0 对 $1/\alpha$ 作图得到一条直线，如图 24.1 所示。

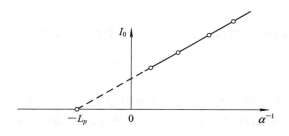

图 24.1　I_0-α^{-1} 的测量曲线

由式(24.8)可知，该直线在 α^{-1} 轴上的截距的绝对值就是少子空穴的扩散长度 L_p。而光生电子-空穴对在向半导体内部扩散时产生的单倍电势差在表面光电压不变时也是一个常数，并不会影响测试结果。

依上述原理，测量少子扩散长度实验装置如图 24.2 所示。表面光电压是一个很微弱的信号，为了测量其值必须将其放大。因此，光源发出的光由斩波器调制成交变光，样品表

面光电压信号由锁相放大器放大。样品的光照面也要抛光，与导电电极形成电容性接触，背面要打毛，与铜电极形成欧姆接触，并避免光照。恒定的表面电压可通过调节入射光的强度获得。单色光的波长可在 $0.8 \sim 1.04~\mu m$ 之间改变。吸收系数 α 可由入射光波长按照 Raman 公式换算得到。将光强 I_0 与相应 α^{-1} 作图，得到直线在 α^{-1} 轴上的截距的绝对值，该绝对值就是少子的扩散长度 L_p。

α^{-1} 的 Raman 公式为

$$\alpha^{-1} = (0.526367 - 1.14425\lambda^{-1} + 0.585368\lambda^{-2} + 0.039958\lambda^{-3})^{-1}~\mu m \qquad (24.9)$$

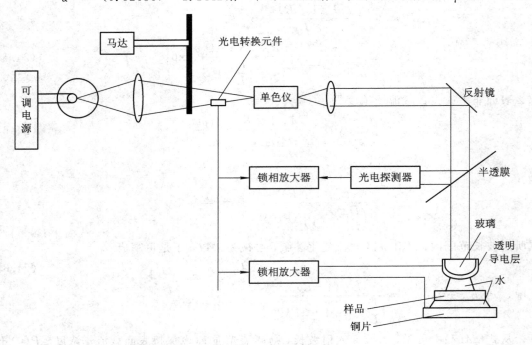

图 24.2　实验系统示意图

【实验仪器】

本实验使用的仪器有：单色仪、斩波器、锁相放大器、光电探测器等。

【实验内容与步骤】

(1) 样品制备：硅片正面抛光，并用腐蚀液进行化学抛光，背面打毛，再用氢氟酸将表面氧化层除去，对 N 型样品再用去离子水煮沸数分钟，P 型样品用阳极氧化在正面生长数十纳米的氧化层。

(2) 选择好样品，并放入样品架。

(3) 调整各仪器仪表，开电源预热。

(4) 调节光源及放大器增益，在测试波长范围内选点并测量出相应光强，作好记录。

(5) 保持表面光电压不变，在 $0.8 \sim 1.04~\mu m$ 之间选点并测量出相应光强，作好记录。

(6) 改变表面光电压，重复第(5)步。

（7）更换样品，重复第（5）、（6）步。

（8）绘出曲线，由截距求出扩散长度值。

【实验结果与数据处理】

在不同表面光电压下测量样品少子扩散长度，并分析比较其结果；对表面状况不同的样品进行测量，并分析比较。

【注意事项】

（1）利用腐蚀液化学抛光时应注意安全，以防灼伤皮肤。

（2）需要提前打开电源预热几分钟。

（3）尽可能地用计算机软件绘制 $I_0 - \alpha^{-1}$ 的线性图，以便得到更为准确的测量结果。

【思考题】

1. 根据半导体物理的相关知识说明表面光电压产生机理是什么？

2. P 型和 N 型 Si 材料表面的氧化层对表面光电压各有什么影响？

3. 为什么薄样品要在较短波长区间进行测量，而厚样品要在较长波长区间测量？

4. 为什么测量中探头要与硅正面接触、硅背面与铜底座间要加水？

实验二十五 高频光电导衰退法测量硅(锗)单晶少子寿命

非平衡少数载流子(简称少子)寿命是半导体材料的一个重要参数。常用的光电导衰退法有直流光电导衰退法、高频光电导衰退法和微波光电导衰退法三种，三者的主要差别是用直流、高频电流还是微波来检测样品中非平衡少数载流子的衰退过程。高频光电导衰退法是在直流光电导衰退法基础上发展起来的，采用的是电容耦合，对样品直径和电阻率均有要求，但是它不需要切割样品做欧姆电极，因此测量方法简便。

【实验目的】

1. 了解非平衡载流子的注入与复合过程。
2. 学习和掌握高频光导衰退法测量硅单晶少子寿命的原理和方法。

【实验原理】

1. 高频光电导的测试原理

(1) 实验装置。高频光电导测试装置主要由光学和电学两大部分组成，如图 25.1 所示。

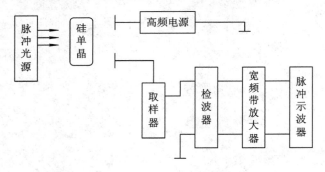

图 25.1 高频光电导测量装置简图

光学系统的核心是脉冲光源系统。对于电阻率较大样品，采用红外脉冲光源，其光强由发光管电压调节。对于电阻率较小样品，采用氙灯光源，控制脉冲触发充电到几千伏的电容器，通过氙气灯放电，给出光脉冲(1 次/s)，这种脉冲的余辉时间一般小于 $10~\mu s$，脉冲通过光栏、聚光镜、滤光片投射于样品。由于受氙灯直流高压、光栏和滤光片(厚 $0.5 \sim 2~mm$)的共同调节，光源光强能在很宽范围内改变，因此可以适应不同阻值的小信号测试的要求。这种光源能为硅、锗提供本征吸收边附近的有效激发光(硅是 $1.1~\mu s$，锗是 $1.7~\mu s$)在样品厚度范围内产生分布均匀的非平衡载流子。

电学系统主要有高频电源、宽频带前置放大器以及脉冲示波器等组成。测量要求：高频电源内阻小且恒压，宽频带前置放大器灵敏度高、线性好，脉冲示波器有一标准的时间基线。

（2）取样显示。如图 25.1 所示，高频源输出等幅的 30 MHz 正弦波，经耦合电极耦合至单晶样品，在其中产生同频率的高频电流。当脉冲光以小注入条件照射样品时，将在其中产生非平衡载流子，使样品产生附加光电导，样品电阻下降，因高频源为恒压输出，故样品中高频电流的幅值增加 ΔI，光照时样品中的高频电流为

$$i = I_0 \sin\omega t \tag{25.1}$$

式中，I_0 为无光照时样品中高频电流的幅值，ω 为频率。

光照停止后，样品中非平衡载流子因复合按指数规律衰减，即

$$i = \left[I_0 + \Delta I \exp\left(-\frac{t}{\tau_f}\right) \right]\sin\omega t \tag{25.2}$$

电流的波形为调幅波，在取样器上产生的电压亦按同样规律变化。由此可见，光电导衰减信号对高频信号调幅，故经二极管 V_D 检波解调和高频滤波，再经宽频带放大器放大后，在脉冲示波器上显示出光电导指数衰减曲线。显然，测得其衰减常数，就可得到样品的有效少子寿命 τ_f，进而求得少子寿命 τ。其关系由式（25.3）给出。

$$\frac{1}{\tau_f} = \frac{1}{\tau} + \pi^2 D_p \left(\frac{1}{l^2} + \frac{9}{4d^2} \right) \tag{25.3}$$

式中，D_p 为扩散系数，l 和 d 分别为圆柱样品的长度和直径。

2. 测试条件分析

（1）小注入条件。由于寿命一般是随注入比增大而增大的，尤其是高阻样品，因此寿命测量数据只有在同一注入比条件下才有意义。一般控制的 $\Delta U/U \leqslant 1\%$ 小注入条件下均能满足要求。能保证 $\Delta p/n_0 \leqslant 1\%$ 虽然"高频光电导"中小注入条件与样品有关，但与所测光强无关，因此在实际测量中，常以改变光强所测值不变，作为小注入条件和测量值准确性的判据。

（2）表面复合及高次模影响的抑制。非平衡载流子除了在体内进行复合以外，在表面也有一定的复合率。表面复合几率的大小与样品表面所处的状态有着密切的关系。因此，在测量寿命的过程中，必须考虑表面复合结构的影响。在前表面产生的光生载流子，因表面复合而加快消失，光生载流子中各高次模亦有高于基模的大衰减率，衰退曲线初始部分的快衰退是由表面复合所引起的，故需将整个信号幅度的前 1/3 部分弃除。

对于高阻样品，需加硅滤光片以滤除表面杂质吸收较强的光波，抑制表面复合的影响，也利于实现小信号条件。

（3）陷阱效应。在有非平衡载流子出现的情况下，半导体中的某些杂质能级所具有的电子数也会发生变化。电子数的增加可以看作积累了电子；电子数的减少可以看作是积累了空穴。它们积累的多少，由杂质能级决定。这种积累非平衡载流子的效应称为陷阱效应。样品中的陷阱中心会俘获非平衡载流子，且要在大于复合时间后才释放出来，再复合衰减掉，故衰减曲线后半部分的衰退速率变慢，有一条拖长的尾巴，使寿命测量值偏大。

对于这种情况，用底光灯照射样品，或加热样品到 50～70℃，让光或热激发的载流子填满陷阱，使陷阱在测试中失去俘获非平衡载流子的能力而消除其影响。若采取标准曲线法，可回避陷阱效应的影响，又可绕过表面复合及高次模的问题。

（4）标准曲线法。利用指数曲线 $\Delta p(t+\tau) = \Delta p(t)/e$ 关系读取值。先在信号幅度衰减

了 1/3 处附近读取，若 t_0 处对应的信号幅度为 N 格(cm)，那么曲线上的 N/e 格所对应的横坐标就是 $(t_0+\tau)$，则这两个横坐标间隔就是 τ。若其间距是 M 格(cm)，水平扫描速度为 $s(\mu s/cm)$，则 $\tau = Ms(\mu s)$。示波器网格屏上已刻好已知衰减常数 L(cm)的标准指数衰减曲线 $y = y_1 e^{-x/L}$ 和 $y = y_1 e^{-x/L}/2$。测试时调整示波器 x、y 轴增益及光强，使实际衰减曲线的中段及中后段与标准曲线重合，表明两者变化率相同，如调出的水平扫描速度为 $s(\mu s/cm)$，则

$$\tau = Ls(\mu s) \tag{25.4}$$

【实验仪器】

本实验使用的仪器有：电容器、高频电源、宽频带放大器、脉冲示波器、DSy-1 型磁环取样寿命仪等。

【实验内容与步骤】

(1) 用金刚砂磨样品端面，清洁表面，然后紧固于耦合电极上。测量中，如果噪声过大或信号过低，则可再磨样品或在电极和样品接触处涂以一薄层水。

(2) 依样品电阻率及 τ 值范围选择光源($\tau < 10\ \mu s$ 选红外光源，$\tau > 10\ \mu s$ 选氙灯光源)。

(3) 示波器接电源，预热，调好辉光亮度和清晰度。

(4) 启动寿命仪电源开关。如选氙灯光源，缓缓调制氙灯高压于适当值，再调谐使取样信号最大。通过调整氙灯高压、选用不同滤光片及改变光栏等，可以改变测量光强；使用红外光时，通过改变发光管电压来改变光强。

(5) 将示波器时基单元置于"触发"，适当调制触发电平、信号 y 衰减、时基扫描速度和光强，使光电导指数衰减曲线与荧光屏上标准曲线的中段、中后段吻合。

【实验结果与数据处理】

(1) 依据样品的尺寸计算出少子体寿命。

(2) 对比分析实验结果与样品尺寸得出的少子寿命理论值，对误差问题进行分析和讨论。

【注意事项】

研磨片使用时间过长，表面会形成较厚的阻隔层，将影响少数载流子的寿命。

【思考题】

1. 如何确定光注入是否为小注入？为何实验中要采用小注入的光注入？

2. 表面复合和高次模均造成信号起始部分快衰减。那么滤光片能对哪种因素产生影响？为什么？

3. 30 MHz 高频信号在测量中起什么作用？是否还存在边界条件产生的各高次模？如果有，那么与 30 MHz 高频信号间的关系是什么？请用图示说明。

4. 实验得到的载流子寿命是否包含了表面复合的影响？应该如何得到少数载流子的体寿命？

实验二十六　光电导法测量硅单晶材料的禁带宽度

禁带宽度是表征半导体材料物理特性的重要参量，在实际的科研和应用中，对半导体材料的禁带宽度进行测量是研究其性质的基本手段，测量方法源于 Subnikov-de Hass 效应、带间磁反射或磁吸收、回旋共振和非共振吸收、载流子浓度谱、红外吸收光谱等。本实验采用半导体材料光电导的方法来测量半导体材料的禁带宽度，此方法的原理和数据处理都比较简单，便于理解和掌握。

【实验目的】

1. 掌握光电导法测量禁带宽度的基本原理。
2. 学会光电导法测量禁带宽度仪器的使用，了解测量系统的基本构成组件。
3. 掌握对实验数据的处理方法。

【实验原理】

处于平衡状态的半导体材料的电导率与其中的载流子浓度有如下关系：

$$\sigma = q(n_0 \mu_n + p_0 \mu_p) \tag{26.1}$$

其中，n_0 为半导体内的平衡电子浓度；p_0 为半导体内的平衡空穴浓度，电子的迁移率为 μ_n，空穴的迁移率为 μ_p。

用适当波长的光照射半导体材料，会在半导体内产生本征激发，电子跃迁到导带，在价带产生空穴，导带的载流子浓度增加，由式(26.1)可知，半导体的电导率会相应增加，此时可表示为

$$\sigma = q[(n_0 + \Delta n)\mu_n + (p_0 + \Delta p)\mu_p] \tag{26.2}$$

式中，Δn、Δp 分别为光生电子浓度和光生空穴浓度。光生电子和空穴统称为光生载流子，即非平衡载流子。只有入射的光子能量大于材料的禁带宽度，即

$$h\nu \geqslant E_g \tag{26.3}$$

才能产生光电导，从而得出：

$$\lambda \leqslant \frac{hc}{E_g} \tag{26.4}$$

波长：

$$\lambda_M = \frac{hc}{E_g} \tag{26.5}$$

称为产生本征光电导的长波限，波长大于 λ_M 的光子不足以使价带电子受激跃迁到导带。

实验发现，半导体材料的电导率随入射光波长的变化而变化。当入射光波长小于 λ_M

时，光电导随波长逐渐增加，波长增大到某一值时电导率增大到最大值，然后波长继续增大，但电导率并不出现陡直下降，通常把沿长波方向光电导下降到最大值的一半处对应的波长称为长波限。根据式(26.5)可求出半导体的禁带宽度 E_g。

$$E_g = \frac{hc}{\lambda_M} = \frac{1.24}{\lambda_M} \tag{26.6}$$

本实验是通过绘制出光电导光谱分布曲线，即光电导灵敏度随入射光波长的变化曲线，来确定长波限的。

光电导灵敏度因子用 G 表示，定义为单位光子流所产生的光生载流子数目，即

$$G = \frac{光电流}{q \times 入射光子数 / 秒} = \frac{I_P}{q N_P} \tag{26.7}$$

用功率为 P，波长为 λ 的波进行照射时，

$$N_P = \frac{P}{h\nu} = \frac{P\lambda}{hc} \tag{26.8}$$

设光电流回路上电阻为 R 的电阻上电压降为 U，则

$$I_P = \frac{U}{R} \tag{26.9}$$

将式(26.9)和式(26.8)代入式(26.7)可得：

$$G = \frac{hc}{qR} = \frac{U}{\lambda P} \tag{26.10}$$

测出在不同的入射波长下 P 和 U 的对应值，根据式(26.10)即可求出光电导灵敏度因子 G。将 G 随波长的变化绘制成曲线，称为等量子光电导光谱分布曲线。

为了使结果更加清晰明了，可绘制出 G/G_{max}-λ 的归一化曲线，沿波长增大方向 G/G_{max} 降低为最大值的一半时对应的波长即为长波限 λ_M，如图 26.1 所示。

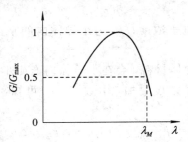

图 26.1 G/G_{max}-λ 的归一化曲线图

【实验仪器】

本实验所用的测量系统如图 26.2 所示。光源 S 发出的光经光调制器后变为交变光，然后入射到单色仪，入射到单色仪上的交变光变为单色光照射样品，波长指示器显示单色光的波长。单色光照射到样品后，样品所在的回路中产生光电流 I_P，I_P 在电阻 R 上产生电压降 U，U 经单频锁相放大器放大输出。光功率计放置在样品表面用于测量入射光子的光功率。

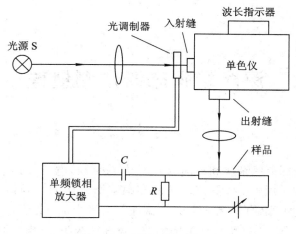

图 26.2　测量系统示意图

【实验内容与步骤】

（1）选取合适的硅单晶样品，制备样品的引出电极，使引出电极和样品之间形成很好的欧姆接触。

（2）按图 26.2 所示的测试系统图，选择合适的器件，连接测试电路。

（3）测试不同波长的入射光照射样品时，对应的光功率 P 和电压 U，记录实验数据。

（4）根据测得的实验数据绘制 G/G_{max}-λ 的归一化曲线图，求出长波限和禁带宽度 E_g。

【实验结果与数据处理】

（1）根据式（26.10），利用实验记录的 λ 和 P、U 值，求出对应的 G 值。

（2）绘制 G/G_{max}-λ 的归一化曲线图。

（3）根据 G/G_{max}-λ 的归一化曲线图求出长波限，再利用式（26.6）求出所测单晶硅样品的禁带宽度 E_g。

【注意事项】

（1）严格按照仪器的操作说明进行操作。

（2）调整测量系统各部件时应小幅度缓慢调节，以防损坏设备。

（3）为提高实验测量的精度，要测量足够多的数据来绘制光电导光谱分布曲线。

【思考题】

1. 为什么测量 E_g 要选择本征材料进行实验？

2. 为什么将 $G(\lambda)$ 随 λ 变化的关系曲线称为等量子光电导分布曲线？

3. 为什么把沿长波方向光电导下降到最大值一半时对应的波长称为长波限？

4. 为什么用波长大于长波限 λ_M 的光照射硅单晶材料时其电导率还会上升？

实验二十七　深能级瞬态谱法测量硅中深能级中心

半导体禁带内的深能级杂质和缺陷能够发射（或俘获）电子（或空穴），它在半导体中起着产生和复合中心的作用，这些深能级杂质和缺陷严重影响半导体器件和集成电路的性能。深能级的存在，使载流子的寿命降低，器件漏电流增加。为了深入研究和分析深能级的性质，首先必须准确测量深能级的有关参数。而深能级瞬态（电容）谱 DLTS(Deep Level Transient Spectroscopy)则是近年来国际上研究半导体深能级、界面态、非晶态、检测分析微量深能级杂质和缺陷等的重要技术。

【实验目的】

1. 了解深能级瞬态谱法测量深能级参数的基本原理。
2. 通过实验初步掌握深能级瞬态谱仪的操作，作出 $\Delta C_{12} - T$ 关系曲线，由此计算出 N_T/N_m 和 $E_c - E_r$ 等深能级参数。

【实验原理】

在深能级瞬态谱法中，通过反向偏置电压 U_r 和 U_p 脉冲的作用，使掺金 P^+N 结样品中的深能级杂质产生瞬态的电子、空穴的俘获和发射，这样便产生了相应的瞬态电容。然后通过 BOXCar 装置对瞬态发射电容 $\Delta C(t)$ 取样，取出 DLTS 谱讯号 ΔC_{12}，即

$$\Delta C_{12} = \Delta C(t_1) - \Delta C(t_2) \tag{27.1}$$

再通过温度 T 扫描改变深能级中心的电子发射几率，从而在函数记录仪上扫描出以 $\Delta C_{12} - T$ 为坐标的 DLTS 谱线，一个谱线对应于一个深能级。在温度扫描过程中，深能级按能级位置高低依次以谱线形式一个个出现。根据这些谱峰的高度、位置及其变化可以测定和计算深能级的密度 N_T，俘获截面 $\sigma_n(\sigma_p)$，能级位置 E_T 等参数。

【实验仪器】

本实验使用的设备、仪器、仪表如下。

（1）NJ. M. DLTS 深能级瞬态谱仪。根据 DLTS 的原理，深能级瞬态谱仪应包括：偏压 U_r 和 U_p 脉冲、高频高灵敏电容电桥、BOXCar 同步取样积分器。

（2）样品测试盒。用于放置被测样品，可对样品进行温度扫描的装置。

（3）示波器。在 DLTS 的调整和测试过程中，用以观察有关的波形。

（4）数字电压表。测量热电偶的电势，以确定和观察样品所处的温度。

（5）函数记录仪。用以记录 $\Delta C_{12} - T$ 关系曲线。

（6）温度控制系统。用以实现从液氮到室温以上的正温度扫描。

【实验内容与步骤】

（1）按照图 27.1 所示的测量系统方框图，接好有关线路，检查无误后接通各仪器电源预热。

（2）调整好 NJ. M. DLTS 深能级瞬态谱仪，并按测试操作步骤分别测出：

① 深能级能级密度 N_T/N_B；

② 用时间长的时基 t_1' 扫描出谱峰 $T_p(t_1')$，待谱峰明显形成后，立即将时基由 t_1' 变为 t_1''，再扫描出 t_1'' 所对应的谱峰 $T_p(t_1'')$，由此计算所测掺金 P^+N 结的能级位置 E_c-E_T。

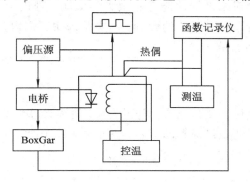

图 27.1　DLTS 测量系统方框图

【实验结果与数据处理】

（1）根据不同的时基 t_1' 和 t_1'' 所测出的 $\Delta C_{12}-T$ 关系曲线，利用公式

$$e_n = \frac{1}{\tau_e} = \frac{1}{t_1}\ln 2$$

计算出深能级位置。

（2）对于深能级平均杂质浓度 N_T/N_B 的测量与计算。

【注意事项】

DLTS 仪是一种高灵敏仪器，使用过程中必须接地，以免外界的干扰影响测试结果。

【思考题】

试分析在 DLTS 测量中，正脉冲 U_p 的作用是什么？如果被测量样品上不加正脉冲 U_p，能否进行测量，为什么？

实验二十八　金属-半导体接触势垒高度的测量

金属-半导体接触形成的肖特基势垒二极管在半导体集成电路和微波电路中有着广泛地应用，而接触势垒高度对二极管性能有着很大的影响。理论上势垒高度决定于金属-半导体的功函数，而实际上还受表面态的影响。本实验采用正向电流-电压法和电容-电压法对金属半导体势垒高度进行测量。

【实验目的】

1. 通过正向电流-电压法测量电流、电压关系，进而计算出势垒高度。
2. 通过电容-电压法测量二极管的电容、电压值，进而计算出势垒高度。

【实验原理】

1. 正向电流-电压法

$$J = J_s(e^{\frac{qU}{kT}} - 1) \tag{28.1}$$

当正向电压 $U > 3kT/q$ 时，上式可表示为

$$J = J_s e^{\frac{qU}{kT}} \tag{28.2}$$

其中

$$J_s = A^* T^2 e^{-\frac{q\varphi_{ms}}{kT}} \tag{28.3}$$

式中，A^* 为有效理查逊常数，T 为温度，φ_{ms} 为金属-半导体接触势垒高度。

将式（28.2）和式（28.3）两边取对数，分别有

$$\ln J = \ln J_s + \frac{qU}{kT} \tag{28.4}$$

$$\varphi_{ms} = \frac{kT}{q} \ln\left(\frac{A^* T^2}{J_s}\right) \tag{28.5}$$

$$\ln\left(\frac{J_s}{T^2}\right) = \ln A^* - \frac{q\varphi_{ms}}{kT} \tag{28.6}$$

根据肖特基二极管伏安特性的测量数据绘出 $\ln J - U$ 关系曲线，从曲线在 $\ln J$ 轴上的截距求出 J_s，然后在 A^* 已知的情况下就可以求出金属-半导体接触势垒高度 φ_{ms}。若理查逊常数未知，测量不同温度下的伏安特性，并在 $\ln J - U$ 曲线上求出各温度下的 J_s 值，然后由式（28.6）绘出相应的 $\ln(J_s/T^2) - 1/T$ 曲线，该曲线是一条直线，其斜率则是势垒高度，$\ln(J_s/T^2)$ 轴上的截距即为理查逊常数。伏安特性测试电路如图 28.1 所示。

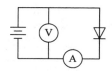

图 28.1　伏安特性测试电路图

2. 电容–电压法

反向偏置下肖特基势垒二极管电容

$$C_T = A\sqrt{\frac{\varepsilon_0\varepsilon_r qN_D}{2(U_D - U_R - kT/q)}} \tag{28.7}$$

式中，A 为结面积，U_R 为外加反偏压。将式(28.7)两边平方，则有

$$\frac{1}{C_T^2} = \frac{2(U_D - U_R - kT/q)}{\varepsilon_0\varepsilon_r qN_D A^2} \tag{28.8}$$

将 $1/C_T^2 - U_R$ 作图，得到一条直线，由其斜率可以确定出 N_D 值，由其截距则可以求出半导体一边的势垒高度 U_D。而金属–半导体接触势垒高度为

$$\varphi_{ms} = U_D + U_R = U_D + \frac{kT}{q}\ln\frac{N_C}{N_D} \tag{28.9}$$

通过测量不同反偏电压 U_R 下的电容 C_T 值，并由相应的 $1/C_T^2 - U_R$ 曲线求得 N_D 和 U_D 值，由式(28.9)可以确定出势垒高度 φ_{ms}。式(28.9)中的 N_C 为导带底有效状态密度。图 28.2 给出了电容–电压法的测量电路图。

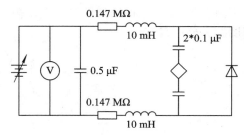

图 28.2　电容–电压法的测量电路图

【实验仪器】

本实验使用的仪器有数字电压表(精度为 1 mV)、安培表(压降<1 mV)等。

【实验内容与步骤】

1. 正向电流–电压法

(1) 选择测试样品，并将测试电路连接完整。

(2) 测量二极管在不同温度下的正向电流、电压数据并记录。

2. 电容–电压法

(1) 选择测试样品，并将测试电路连接完整。

(2) 测量二极管在不同反偏压下的电容值并记录。

【实验结果与数据处理】

1. 正向电流-电压法

(1) 根据测量的数据在坐标纸上绘出 $\ln I\text{-}U$ 曲线，并由截距求出相应温度时的 I_s；

(2) 由 I_s 换算成 J_s，根据各温度点的 J_s 值绘出 $\ln(J_s/T^2)\text{-}1/T$ 曲线。

(3) 由 $\ln(J_s/T^2)\text{-}1/T$ 曲线斜率算出势垒高度 φ_{ms}。

2. 电容-电压法

(1) 根据测量的数据绘出 $1/C_T^2\text{-}U_R$ 曲线，由曲线斜率和截距分别求出 N_D 和 U_D。

(2) 由式(28.9)计算出势垒高度 φ_{ms}

(3) 对以上两种方法得到的势垒高度进行比较，并加以分析讨论。

【注意事项】

(1) 注意肖特基势垒二极管样品的极性，避免测试电路连接错误。

(2) 测量数据取样点应尽量多选择几组，以提高测试精度。

【思考题】

1. 光照会对测量样品正向电流-电压测试结果产生什么影响？

2. 影响肖特基势垒高度的主要因素有哪些？

实验二十九 半导体材料的电磁性能及反射率测试

电磁波又称电磁辐射，是同相振荡且互相垂直的电场和磁场在空间中以波的形式移动产生的，其传播方向垂直于电场和磁场构成的平面，可以有效地传递能量和动量。日益增多的电磁设备向外部环境中发射电磁波，使得电磁污染大幅度增加，已经直接威胁到人体的健康，因此，当电子系统设计完成后，电磁防护材料显得尤为重要。电磁辐射防护材料中的微波吸收材料是一种能吸收微波，将电磁能转化为其他运动形式的能量，并通过该运动的耗散作用将电磁能转化为热能的材料，从根本上有效衰减甚至阻断电磁波的传播，确保电子设备系统正常工作，减少电磁污染，故而需要通过电磁性能和反射率测试，研究半导体材料的电磁性能和吸波特性。

【实验目的】

1. 掌握电磁参数的测试方法。
2. 掌握反射率的测试方法。

【实验原理】

1. 电磁参数测试原理

1）矢量网络分析仪

矢量网络分析仪具有测量频带宽、精度高、速度快等优点。微波矢量网络分析仪可用于测试网络的 S 参数、频率响应特性等参数，由扫频源、测试装置、中频检测和数据处理显示这四部分构成。其基本工作原理是：将来自扫频源的信号一分为二，一路作为参考信号 R，一路通过衰减送入测试端口，作为被测网络的激励信号，通过定向耦合器取出后经过被测试网络的反射信号 A 和传输信号 B 作为测试信号，再通过变频法将包含幅度和相位信息的微波信号线性转变为中频信号，由中频检测部分进行幅度和相位关系的测量，然后送出进行处理并显示。

2）系统测量软件

分别测得同轴测试装置二端口的 4 个 S 参数，对正向测量所得的反射系数 S_{11}、传输系数 S_{21} 及反向测量得到的反射系数 S_{22} 传输系数 S_{12} 分别进行相位补偿，求得被测样品正向、反向的补偿反射与传输系数；参照 GJB 5239 – 2004 中的公式可以得到：

$$\begin{cases} \varepsilon = \dfrac{k(1-\varGamma)}{k_0(1+\varGamma)} \\[2mm] \mu = \dfrac{k(1+\varGamma)}{k_0(1-\varGamma)} \end{cases} \tag{29.1}$$

其中，$k = k_0\sqrt{\varepsilon\mu}$，$k_0 = k\sqrt{\varepsilon_0\mu_0}$，由上式计算得到复介电常数和复磁导率，进而求得电、磁损耗角的正切。

2. 反射率测试原理

矢量网络分析仪的输出端与发射天线相连接，激励信号经被测吸波材料或者金属板反射后再由天线接收，并送入与之相连的矢量网络分析仪的输入端；发射天线与接收天线可以在弓形架上独立移动，且均匀指向圆心；被测样品的反射电平与金属板的反射电平之比为吸波材料的反射率。由 GJB 2038A - 2001 可得，样品板 RAM 反射率 $\varGamma = P_a/P_m$，其中 P_a 为 RAM 样板的反射功率，P_m 为同尺寸标准板的反射功率；若以 dB 为单位，RAM 反射率 $\varGamma = 10\lg(P_a/P_m)$。

【实验仪器】

本实验使用中国电子科技集团公司第四十一研究所研制的材料电磁参数测试系统。仪器由 AV3629D 矢量网络分析仪（见图 29.1）、校准件、电缆线、喇叭天线、转接器、弓形架、主控计算机、尖劈型吸波材料等构成。

图 29.1   微波矢量网络分析仪

【实验内容与步骤】

1. 电磁参数测试

1）电磁参数测试样品制备

（1）将待测样品与石蜡按质量比为 1 : 5 的比例混合。

（2）将混合后的样品在 60～80℃ 下加热，利用模具制备成规格为 16 mm×8 mm×2 mm 的长方体。

2）系统启动

按一下矢量网络分析仪前面板左边中间的开机/待机键，注意不要长按或按住不放，如果矢量网络分析仪外接键盘，开机过程中不要按 F11；矢量网络分析仪操作系统启动后会自动运行测量主程序，为保证达到仪器的测量性能指标，进行测量前至少预热30分钟；启动主控计算机，并从计算机桌面上启动测量软件，软件将自动连接并控制矢量网络分析仪。

3）测量连接

（1）连接方法：连接矢量网络分析仪与测试电缆，对准两个互连器件的轴心，保证轴心在同一条直线上，使阳头连接器的插针同心滑进阴头连接器的接插指孔内。将两个连接器平直地移到一起，使它们能平滑地接合，旋转连接器的螺套直至拧紧，连接过程中连接器间不能有相对的旋转运动。使用力矩扳手拧紧，完成最后的连接，注意力矩扳手不要超过起始的折点，可使用辅助的扳手防止连接器转动。

（2）断开方法：支撑住连接器以防止对任何一个连接器施加扭曲、摇动或弯曲的力。可使用一支开口扳手防止连接器主体旋转。利用另一支扳手拧松连接器的螺套。用手旋转连接器的螺套，完成最后的断开连接。将两个连接器平直拉开分离。

（3）转接器的使用：当矢量网络分析仪的测量端口与测试电缆端口的连接器类型不同时，必须使用转接器进行测量连接；即使连接器类型相同，也可以使用转接器。这两种情况都可以保护测量端口，延长使用寿命，降低维修成本。连接与断开方法同（1）、（2）。

4）参数设置

（1）波段选择：在测量软件中依次选择菜单系统配置，鼠标选择某测量波段，点击确定按钮设置矢量网络分析仪工作频段为当前选中频段，并退出该界面；点击取消按钮，取消波段选择并退出波段选择界面。

（2）频率设置：依次选择菜单系统配置，输入起始频率和终止频率（起始频率和终止频率必须在所选波段范围内），选择测量点数，点击确定按钮，设置矢量网络分析仪扫频范围及采样点数，并退出该界面；点击取消按钮，取消频率设置并退出频率设置界面。

（3）操作信息设置：依次选择菜单系统配置，操作信息将保存到测量结果文件中。

5）测量校准

在矢量网络分析仪屏幕中用鼠标依次选择菜单响应，选择校准频率按钮，输入起始频率和终止频率，点击确定按钮，设置校准频率并退出校准界面，点击取消按钮，取消频率设置并退出软件界面。选择校准类型按钮，材料电磁参数测试系统使用全双端口 TRL 校准方法。

在校准类型选择窗口中，选择全双端口 TRL，点击确定按钮，返回校准向导窗口，点击测量机械标准按钮，进入全双端口 TRL 校准控制界面。首先，点击选择校准件按钮，弹出校准件选择窗口，选择对应的波导校准件型号并点击确定按钮。其次，点击选择标准按钮，弹出 TRL 校准类信息窗口，选择校准件类为 TRL 传输线/匹配，调整已选标准，点击确定按钮完成校准标准选择，然后逐项进行校准。

6）启动测量

在测量软件中选择菜单启动测量，软件控制矢量网络分析仪将测量被测二端口网络的4个 S 参数，软件将采集 S 参数并进行相位修正，从而得到样品二端口网络 S 参数，计算介电常数、磁导率及电、磁损耗角正切，并在二维坐标系中显示计算结果。

7）数据保存

在测量软件中选择菜单文件，存储数据，可将测量所得的介电常数、磁导率、电/磁损耗角正切数据保存到文本文件。

2. 反射率测试

1）反射率测试样品制备

（1）将待测样品与石蜡按质量比为 1∶5 的比例混合。

（2）将混合后的样品在 60～80℃ 下进行加热，利用模具制备成规格为 160 mm×160 mm×2 mm 的长方体。

2）系统启动

系统启动方法参见电磁参数测试的相关内容。

3）测量连接

选择相应波段的一对宽带喇叭天线，分别固定于弓形架的两个天线支架上，保证极化方式相同；滑动天线支架调节两喇叭天线的角度（入射角范围 0°～ 45°，对应弓形架刻度范围 45°～ 90°，保证两天线角度相同）；然后连接矢量网络分析仪、测试电缆、喇叭天线。电缆连接、断开方法及转接器的使用参见电磁参数测试的相关内容。

4）参数设置

参数设置参见电磁参数测试中的相关内容。

5）启动测量

在测量软件中选择菜单启动测量，或者点击工具栏按钮，在弓形架底部中间的样板支架上放置测试标准板，点击 OK 按钮，系统自动测量标准板反射功率；系统完成对标准板的测量后，在样板支架上放置待测 RAM 样板，点击 OK 按钮，系统自动完成对 RAM 样板反射功率的测量，根据测量的两次数据计算 RAM 反射率，并在二维坐标系中进行图形显示。

6）数据保存

在测量软件中选择菜单文件，存储数据，可将测量所得的 RAM 反射率数据保存到文本文件。

【实验结果与数据处理】

（1）将数据 ∗.dat 文件导入到 Excel 表格中。

（2）算出磁损耗角正切 $\tan\delta_{\mu} = \dfrac{\mu''}{\mu'}$ 和介电损耗角正切 $\tan\delta_{\varepsilon} = \dfrac{\varepsilon''}{\varepsilon'}$，并用画图软件画出 $\tan\delta_{\mu}$ 与 $\tan\delta_{\varepsilon}$ 随着频率变化曲线图。

（3）计算反射率 $\Gamma = 10\,\log(P_a/P_m)$ 或者 $\Gamma = P_a/P_m$，用画图软件做出反射率与频率变化曲线图。

【注意事项】

（1）定期清洁矢量网络分析仪前面板，显示屏表面有一层防静电涂层，切勿使用含有氟化物、酸性、碱性的清洁剂。切勿将清洗剂直接喷到面板上，否则可能渗入机器内部，损坏仪器。

（2）任何已损坏的连接器即使在第一次测量连接时也可能损坏与之连接的良好连接器，对有明显缺陷的连接器应做出标记以便进行处理或返修。

（3）测试系统停用阶段，应切掉电源，断开连接。

（4）矢量网络分析仪、测试电缆、喇叭天线、转接器的连接端口应加上保护护套。

（5）避免接触连接器的接合平面，皮肤的油脂和灰尘微粒很难从接合平面上去除。

（6）避免连接器的接触面向下直接放到坚硬的台面上，与任何坚硬的表面接触都可能损坏连接器的电镀层和接合表面。

【思考题】

1. 电磁参数和反射率测试结果说明了什么？
2. 如何对比测试结果的优劣？

实验三十 半导体材料场发射特性测试

场发射也称为场致电子发射，一般是指在强电场的作用下，电子隧穿材料的表面势垒而逸出的一种现象。场致电子发射可分为半导体场致发射、内场致发射和金属场致发射。下面主要介绍半导体场致发射特性测试。

【实验目的】

1. 了解场致发射的基本原理。
2. 了解测试场发射特性的性能指标。
3. 了解如何分析半导体样品的场发射数据。

【实验原理】

固体中存在大量的电子，而它们在一般情况下不能逸出固体表面，为了使它们能从固体表面释放出来，应给以电场激发。场致发射并不需要提供给体内电子以额外的能量，而是靠强的外加电场抑制半导体表面的势垒，使得半导体表面势垒的高度降低，并使势垒的宽度变窄，这样，半导体内部的大量电子就能穿透表面势垒而逸出。当外加电场为零时，势垒较大，能量低于势垒的电子无法逸出。当外加电场大于零时，电场对半导体表面的势垒产生两个方面的影响，一是半导体的表面势垒高度的降低，二是表面势垒的宽度变窄。随着外加电场的增强，半导体表面的势垒高度和宽度同时减小，因此发射体内的大量电子即使是在 0K 下，也可以通过隧穿效应穿透半导体表面势垒而逸出，形成场致电子发射。

1928 年，Fowler 和 Nordheim 应用量子理论，提出了电子在绝对零度下从洁净金属表面发射进入真空的理论，即在金属和真空界面上加电场使得金属的能带结构弯曲而导致电子穿过金属势垒，并提出了场发射电流密度公式，即 F - N 公式：

$$J = A\frac{F^2}{\phi}\exp\left(-\frac{B\phi^{\frac{3}{2}}}{E}\right) \tag{30.1}$$

其中，J 为电流密度，E 为电场强度，A 和 B 为常数，F 为发射体表面电场强度，ϕ 为发射体表面功函数。A、B 为与场发射表面功函数有关的常数，$A = 1.56 \times 10^{-10}(\mathrm{A \cdot V^{-2} \cdot eV})$，$B = 6.83 \times 10^{3}(\mathrm{V \cdot eV^{-\frac{3}{2}} \cdot \mu m^{-1}})$。阴极和阳极之间的电压 U 与发射体表面电场强度 F 间关系表示为

$$F = \beta\frac{U}{d} \tag{30.2}$$

式中，β 为场增强因子，d 为阴极与阳极之间的距离。

【实验仪器】

半导体场发射测试必须在高真空环境中进行测试，因此，我们搭建了一个可以提供高真空度的场发射测试系统。场发射测试装置原理图如图 30.1 所示，分为三部分：第一部分为真空系统，第二部分为场发射测试装置，第三部分为电流测试电路。

真空系统由扩散泵、分子泵、真空计、冷却水系统和样品室组成。通常在室温下，真空系统可抽到真空度为 5×10^{-4} Pa 左右。样品的场发射测试结构类似一个单二极管结构，如图 30.2。将场发射电流测试系统装置置于真空室中，装置的阳极为导电玻璃，它能够接收到从样品表面发射的电子从而形成电流，由电流表测试出来。在阳极导电玻璃上放置两片载玻片，厚度和载玻片中间的宽度可调节，再将样品的正面朝下（导电玻璃的方向），在样品的基片上加上电极，由于样品的基片导电性良好，因而能形成良好的电接触。最后将被测样品、载玻片和样品紧压并固定，将阴阳两极接到电源上。系统内加载的是高压电源，在 0~5000 V 的范围内连续可调，需要采用精度为微安的直流表来测试样品的场发射电流。为了避免电压脉冲和操作失误对微安表的损坏，必须在电路中串联一个限流电阻（10 MΩ）。

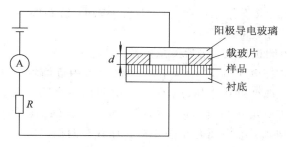

图 30.1　场发射测试装置的原理图

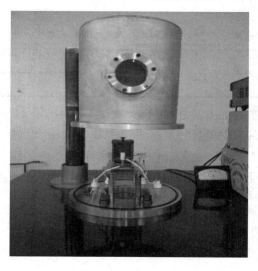

图 30.2　场发射电流测试系统结构图

【实验内容与步骤】

首先将样品水平放置在测试台上，将样品室内的测试装置与外部电路连接好，抽取高真空进行测试。测试操作的具体流程：

（1）在升起真空钟罩之前，首先要先充气，然后用手旋转钟罩，如果能转动，则说明充气完成，再升起钟罩。

（2）放置样品时，观察测试样品和阳极之间是否导通，如果导通，需要重新放置样品，之后罩上钟罩，钟罩罩好之后，关闭进气阀。

（3）开启机械泵，大约 2 min 之后打开连接机械泵的气阀。

（4）待真空度降低至 3 Pa 后（越低越好），再打开分子泵电源，预热。

（5）大约 5 min 之后，先打开水冷系统，然后启动分子泵，关闭机械泵气阀（上），打开分子泵气阀（下）。

（6）等待分子泵稳定之后，对真空室进行烘烤（在分子泵启动完毕后，调节变压器，使卤钨灯发热，电压为 50～70 V 即可，烘烤时间为 30～60 min）。

（7）烘烤结束约 30 min 后再打开电离规，测量真空度。待真空度达到要求，即可测试。

（8）测试结束后，先按分子泵电源上的"停止"按钮，待频率显示降低至 0 Hz 以后，再关闭分子泵电源，关闭水冷系统。

（9）关闭气阀，关闭机械泵，最后关总电源。

在测试过程中，先把电压调至 0 V，在一定的范围内逐渐增大电压，每增加 100 V 的电压记录一个电流值。改变外接电压（电场），对阴阳两极之间的发射电流进行测试。由于限流电阻的作用，外加的电压只有一部分加载在测试装置的阴阳两极之间，因此电流表测试的电流值为场发射电流，而电压是指需要换算加载在两极之间的电压（发射电压）。

【实验结果与数据处理】

$S=$ _____，$d=$ _____，真空度 _____

电压/V						
电流/μA						

将测试出来的数据进行如下的处理：

一般把阴阳两极间的发射电流密度 J 达到 0.1 μA/cm^2 时的电场强度 $E_{\text{turn-on}}$ 定义为开启电场，发射电流密度 J 达到 1 mA/cm^2 时的电场强度 $E_{\text{threshold}}$ 定义为阈值电场。发射电流密度 J 和电场强度根据下列公式可以进行计算：

$$J = \frac{I}{S} \tag{30.3}$$

其中，S 为样品的发射面积

$$E = \frac{U - IR}{d} \tag{30.4}$$

其中，R 为限流电阻，d 为阴阳两极之间的距离。

根据电场强度 E 和电流密度 J 的值绘制 E-J 曲线图。

根据 $F - N$ 场发射公式，可以推导出：

$$J = A \frac{\beta^2 E^2}{\phi} \exp\left(-\frac{B\phi^{\frac{3}{2}}}{\beta E}\right) \tag{30.5}$$

$$\ln\left(\frac{J}{E^2}\right) = \left(-\frac{B\phi^{\frac{3}{2}}}{\beta E}\right) + \ln\left(\frac{A\beta^2}{\phi}\right) \tag{30.6}$$

其中，J 为场发射的电流密度，单位为 $A \cdot m^{-2}$；φ 为功函数，单位为 eV；A、B 为与场发射表面功函数有关的常数，$A = 1.56 \times 10^{-10}$（$A \cdot V^{-2} \cdot eV$），$B = 6.83 \times 10^3$（$V \cdot eV^{-\frac{3}{2}} \cdot \mu m^{-1}$）。实验中通过电源电压计算阴极与阳极之间的电压，并测量阴极与阳极之间的距离 d。

从式（30.6）可以看出 $\ln\left(\frac{J}{E^2}\right)$ 和 $\frac{1}{E}$ 成线性关系，并绘制出 F - N 曲线图。可以表示为 $y = b + kx$ 的形式，从而可知直线斜率为

$$k = \frac{B\phi^{\frac{3}{2}}}{\beta E} \tag{30.7}$$

材料不同，功函数也不相同。功函数在已知条件下，根据 F - N 曲线斜率即可计算出样品的场增强因子 β。通过判断被测样品的 $\ln\left(\frac{J}{E^2}\right)$ 和 $\frac{1}{E}$ 是否为线性关系，来确定被测样品的场发射性能。

【注意事项】

（1）必须在高真空度下才能打开电离规进行测试，注意电离规不可长时间打开。
（2）测试过程中，分子泵不能关闭，系统必须处于高真空状态下。
（3）测试过程中，真空度仪器的电源需要关闭。
（4）测试过程中，读取电流数值时，要等到电流值稳定时再读取，以保证误差最小。
（5）阴极样品和阳极之间的距离不宜过大，否则有可能造成电子无法收集。

【思考题】

1. 场致电子发射与热电子发射有什么不同？
2. 为什么场发射测试必须在真空环境下进行？
3. 场发射性能的应用有哪些方面？

实验三十一 半导体材料的光致发光性能测试

光致发光谱是研究半导体中电子状态、电子跃迁过程和电子与晶格相互作用等问题的一种常用方法，其基本原理是：半导体材料受到光的激发时，电子吸收光子能量从低能级向高能级跃迁，产生电子空穴对，形成了非平衡载流子。这种处于激发态的电子经过一段时间又跃迁回低能态能级，形成了电子空穴对的复合，之前吸收的能量可以通过光子的形式发射出来，形成了样品的光致发光谱。通过对样品光致发光谱的波形、强度等分析，能够获得样品的带隙、发光波长、晶体结构和缺陷等信息。光致发光谱携带信息量大且灵敏度高，该项测试技术具有测试样品制备和数据采集简单，以及对样品的破坏性小等优点。

【实验目的】

1. 了解材料光致发光的原理。
2. 掌握光致发光性能测试方法。

【实验原理】

当光照射在半导体时，一部分发生反射，另一部分进入半导体内部，除过透射光外，其余光被吸收。发光材料吸收能量，电子由价带激发到导带，在半导体中产生电子空穴对，激发的电子、空穴是不稳定的，经过一段时间，电子、空穴又会跃迁回原来的能级，释放能量，恢复到稳定状态，对材料而言，这部分能量以发光的形式辐射，电子空穴对的辐射复合现象即为光致发光。因此实验中采用能量大于半导体禁带宽度的光源照射半导体材料，测试样品的光致发光光谱。

激发光谱是指发光的某一谱线或谱带的强度随激发光波长（或频率）变化的曲线。横坐标为激发光波长的范围，纵坐标为发光相对强度。激发光谱反映了不同波长的光激发材料产生的发光效果。即表示发光的某一谱线或谱带可以被什么波长的光激发、激发的本领是高还是低；也表示用不同波长的光激发材料时，使材料发出某一波长光的效率。

【实验仪器】

本实验采用美国 HORIBA Jobin Yvon 公司的 FluoroMax - 4p 型荧光分光光度计。它包括四个部分：激发光源、样品池、双单色器系统、检测器。光源为氙灯；检测器为光电倍增管。

【实验内容与步骤】

1. 检测仪器是否正常（测试水拉曼峰）

（1）打开仪器电源和计算机，预热 30 min。

（2）打开软件，不放样品，点击工具栏上红色 M 图标（Experiment Menu button，![M]），点击 Spectra→Excitation 选项，点击 Next，再点击右下角的 Run，等待程序测试完成。检查光谱最高峰的位置是否为 467 nm，如果是，则进行下一步测试，否则需进行仪器校准。

（3）点击工具栏上红色 M 图标（Experiment Menu button，![M]），点击 Spectra 选项，点击 Next，再点击 Emission 选项，点击右下角的 Run，等待程序测试完成，检查光谱最高峰的位置是否为 397 nm，如果是，则进行下一步测试，否则需进行仪器校准。

2. 光致发光光谱测试

（1）制备样品，将液体支架换成固体支架。

（2）将样品支架放入固体支架上。

（3）放入合适的带通滤光片和高通滤光片。

（4）打开软件，点击软件工具栏上红色 M 图标（Experiment Menu button，![M]），点击 Spectra→Emission 选项，点击 Next，第一个界面中输入激发波长、入射狭缝 slit、测试范围、出射狭缝 Slit 值。注意：发光峰接近 10^7 时应减小 Slit 值。

（5）在 Detector 界面中，设置为 cps 模式，勾选 Dark Offset 与 Correction，用 S_{1c} 模式进行测量。

（6）点击右下角的 Run，测试数据。

（7）保存数据。

【实验结果与数据处理】

（1）将数据 *.opj 文件导入到 origin 中，用 origin 软件做出波长与强度曲线。

（2）观察发光峰的位置，分析相应发光峰的产生机理。

【注意事项】

（1）开机时需预热 30 min。

（2）测试完成后，要彻底清理样品池。

（3）请勿用手直接触碰滤光片表面。

【思考题】

1. 荧光光谱测试结果说明了什么？

2. 对于不同的发光峰应如何解释？

3. 如何选择被测样品合适的激发波长、带通以及高通滤光片？

实验三十二　半导体材料载流子浓度和霍尔迁移率的测试

置于磁场中的半导体，如果电流方向与磁场垂直，则在垂直于电流和磁场的方向会产生一附加的横向电场，这个现象是霍普斯金大学研究生霍尔于 1879 年发现的，后来被称为霍尔效应。随着半导体物理学的迅速发展，霍尔系数和电导率的测量已成为研究半导体材料的主要方法之一。通过实验测量半导体材料的霍尔系数和电导率可以判断材料的导电类型、载流子浓度、迁移率等主要参数。若能测量霍尔系数和电导率随温度变化的关系，就可以求出半导体材料的杂质电离能和材料的禁带宽度。载流子浓度和霍尔迁移率是决定半导体材料导电性能的关键因素，掌握这项测试技术必将对探索半导体材料的电性能奠定良好的基础。

【实验目的】

1. 了解霍尔效应实验原理。
2. 确定试样的载流子浓度及霍尔迁移率。

【实验原理】

把通有电流的半导体放在均匀磁场中，设电场沿 x 方向电场强度为 ξ_x，磁场方向和电场方向垂直，沿 z 方向磁感应强度为 B_z，则在垂直于电场和磁场的 $+y$ 或 $-y$ 方向上将产生一个横向的电场 ξ_y，这个现象就是霍尔效应。霍尔电场 ξ_y 与电流密度 J_x 和磁场感应强度 B_z 成正比，即

$$\xi_y = R_H J_x B_z \tag{32.1}$$

比例系数 R_H 称为霍尔系数，即

$$R_H = \frac{\xi_y}{J_x B_z} \tag{32.2}$$

若电流沿着 x 轴的正方向，磁场沿着 z 轴的正方向，则对 P 型半导体来说，霍尔电场沿着 y 方向（定义为正方向），此时的 $\xi_y > 0$，与此对应的 $R_H > 0$；与之相反，对 N 型半导体来说，此时的 $\xi_y < 0$，$R_H < 0$。以 p 型半导体为例，设空穴浓度为 p，运动速度为 v，则在稳态情况下，$q\xi_y = qvB_z$，而 $v = J_x/qp$（其中，q 是电子量），因此

$$\xi_y = \frac{J_x B_z}{qp} \tag{32.3}$$

所以，根据式(32.1)和式(32.3)可得出 P 型和 N 型半导体材料的霍尔系数为

$$R_H = \frac{1}{qp} > 0 \quad （P\ 型半导体） \tag{32.4}$$

$$R_H = \frac{1}{qn} < 0 \quad (\text{N 型半导体}) \tag{32.5}$$

又因为 $\xi_y = U_H d$，所以式（32.2）可以转换为式（32.6）即

$$R_H = \frac{U_H d}{J_x B_z} \tag{32.6}$$

式中，U_H 为霍尔电压。已知 J_x，B_z，d，测出霍尔电压 U_H 可以求出 R_H；再由式（32.4）或式（32.5）可以求出载流子浓度 p 或 n；再测出电导率 σ，根据式（32.7）或式（32.8）可求出霍尔迁移率 μ_H：

$$|R_H \sigma_p| = (\mu_H)_p \tag{32.7}$$

$$|R_H \sigma_n| = (\mu_H)_n \tag{32.8}$$

【实验仪器】

本实验使用的仪器为霍尔测试仪，如图 32.1 所示。

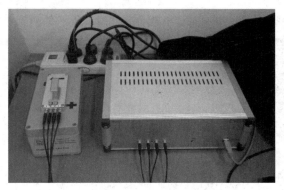

图 32.1　霍尔测试仪

【实验内容与步骤】

（1）首先选取适合样品的测试版，用卡槽夹住样品。

（2）打开霍尔测试仪电源，开启电脑打开霍尔测试软件，如图 32.2 所示。

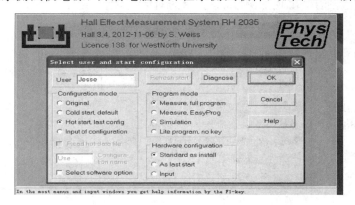

图 32.2

（3）点击 OK 按钮，出现如图 32.3 所示的对话框。

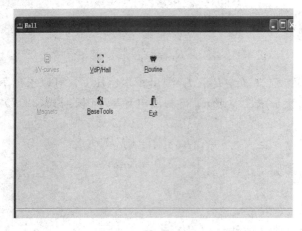

图 32.3

（4）点击第二个图标"VdP/Hall"，出现如图 32.4 所示的对话框。

图 32.4

（5）点击灯泡图标，出现如图 32.5 所示的对话框。

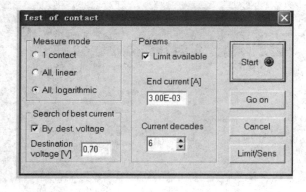

图 32.5

（6）点击 Start，出现如图 32.6 所示对话框。继续点击 OK 按钮，结果如图 32.7 所示。

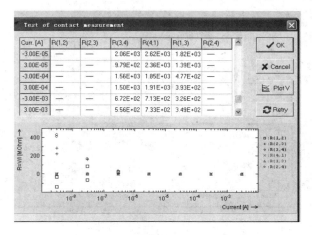

图 32.6

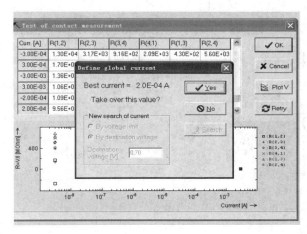

图 32.7

（7）经过计算选出最合适的电流，点击 YES 按钮，出现如图 32.8 所示内容。在此要选择材料种类以及材料的厚度（厚度会影响结果的准确性）。

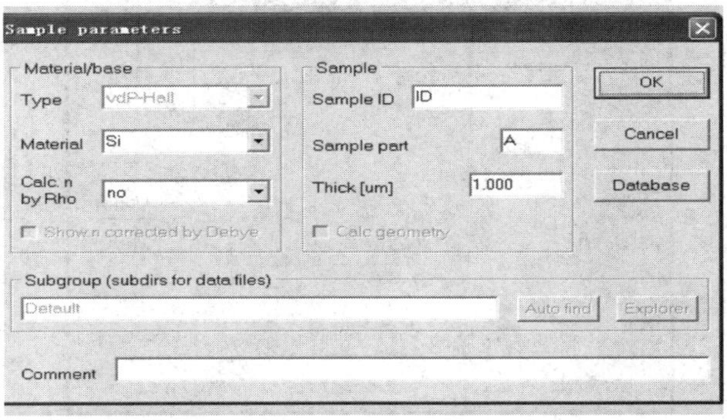

图 32.8

（8）点击 OK 按钮，出现如图 32.9 所示的对话框。

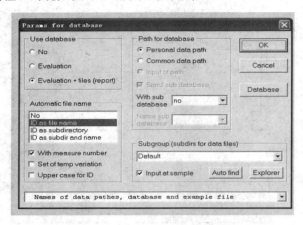

图 32.9

（9）继续点击 OK 按钮，结果如图 32.10 所示。

图 32.10

【实验结果与数据处理】

（1）选择图 32.10 中 Measure 项的 vdP and Hall 菜单，出现如图 32.11 所示的实验结果。

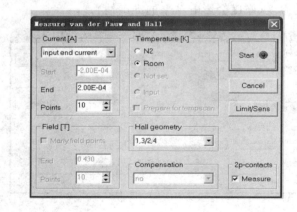

图 32.11

(2) 继续点击 Start 按钮，出现如图 32.12 所示的提示，要求把样品放入负磁场。

图 32.12

(3) 把样品放入磁场盒中，箭头对准标识为"−"的方向。然后点击确定按钮，出现如图 32.13 所示的提示，要求把样品放入正磁场。

图 32.13

(4) 把样品取出旋转 180° 放入磁场盒中，箭头对准标识为"＋"的方向，点击确定按钮，出现如图 32.14 所示的最终计算结果。

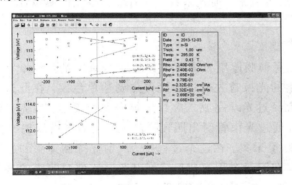

图 32.14

【注意事项】

(1) 操作时必须谨慎，保证样品的方向和箭头的方向相同，以免插反。

(2) 样品不要提前放入磁场盒中，在提示放入磁场中时再放入。

(3) 注意提示放置磁场的正反。

(4) 输入样品的材料类型和准确的厚度值。

【思考题】

1. 实验中在产生霍尔效应的同时，还会产生哪些副效应？

2. 实验中产生的副效应与磁感应强度和电流有什么关系？如何消除这些副效应的影响？

实验三十三　半导体薄膜消光系数和透射率的测试

半导体薄膜材料的折射率 n、消光系数 k 和厚度 d 是设计薄膜光学器件必不可少的三个参量，测定薄膜的 n、k、d 值对探索薄膜器件的光学性质具有重要的意义。目前测定这些参量采用的方法有椭圆偏光测量法、测布鲁斯特角方法、干涉测量法、光度测量法和遗漏波导方法等。nkd-8000 薄膜分析仪是综合了光学、电子学和高级分析软件的测试系统，是目前测定多层薄膜和基片的折射率、吸收系数和厚度最精确、最易用的系统之一。

【实验目的】

1. 了解 nkd-8000 薄膜分析仪测试半导体薄膜消光系数和透射率的工作原理。
2. 掌握薄膜样品的折射率、消光系数、透射率和厚度的测试原理与测试方法。

【实验原理】

nkd-8000 系统测量薄膜厚度及光学常数的基本原理是：光源为安装在光室中的高稳定性石英卤钨灯，产生的光束首先通过棱镜聚焦到达单色仪，在此过程中使用滤光器进行滤光。随后聚焦的光束经过光纤完成二次聚焦集中到光束管。在光束管中设置一个快门用来控制光路通断，光束通过光束管射出照在样品上，反射光由反射光探测镜头 R 采集，透射光由透射光探测镜头 T 采集。在这个过程中，反射光探测镜头和透射光探测镜头将测量数据输入到计算机中，在测量过程完成后，可以通过软件对薄膜的各项测量数据进行分析及拟合。nkd-8000 薄膜分析仪测试原理图如图 33.1 所示。

【实验仪器】

本实验使用英国 Aquila 公司的 nkd-8000 薄膜分析仪，如图 33.2 所示。

【实验内容与步骤】

（1）打开 nkd-8000 所连接电脑，打开仪器 nkd-8000（仪器面板绿灯亮）。
（2）双击电脑桌面上的 ProOptix 图标，打开软件。此时提示是否需要打开光源灯，选择 YES。
（3）等待 15 分钟以稳定光源，放置参比样品到样品台。
（4）测量软件配置。选择"New Measurement（工具栏左起第一个文件）"或者选择 File →New Experiment，然后输入样品性质：
· Number of layers on substrate：0（样品有几层；根据样品选择层数，层数需小于 5）。

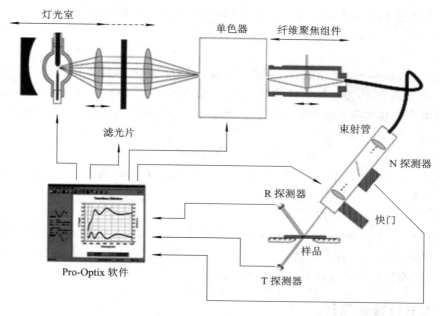

图 33.1 nkd-8000 薄膜分析仪测试原理图

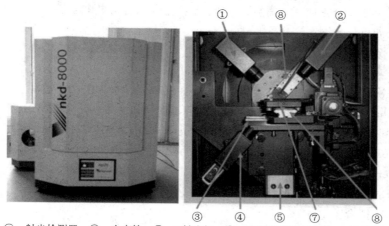

①—射光检测器；②—光束管；③—Y轴坐标；④—透射光检测器；⑤—Z轴坐标；
⑥—X轴坐标；⑦—样品台；⑧—马达驱动的可变角度选择装置

图 33.2 薄膜分析仪的外观与内部结构

- Substrate：Transparent（透明）或者是 Opaque（不透明）。
- Incident polarization：入射光的极性。此处的选择应与入射光探测器旋钮一致。
- Incident angle：入射角，可选 20°～70°。
- 点击下一步。（第一次测试样品时，仪器会自动校准。）
- Ambient out：即样品下方为何物，不用选择，仪器默认为空气。
- Ambient in：即样品上方为何物，不用选择，仪器默认为空气。
- Layer 1：即衬底，选择 Substrate。Material 处下拉菜单选择衬底为何物质，并用游标卡尺测量样品厚度填写在 Thickness 处；Find nk、Find d 处选择 NO。
- Layer 2：即薄膜，选择薄膜，选择 Film。Material 处下拉菜单选择衬底为何物，如

— 139 —

果数据库没有则选择 New Film；Thickness 处不用填写，仪器默认 100nm；Find nk、Find d 处选择 YES。

· 点击下一步。

（5）X－Y sample stage：选择 use X－Y sample stage 即为仪器自动校准标准样；选择 Don't move stage 即为手动校准标准样。一般情况下请选择 use X－Y sample stage。

· 根据所安装的探头选择测量波长：紫外可见探头请填写 350～1000；红外探头请填写 1000～2200。

· Position X－Y stage to：无需填写，仪器默认 0。

· 点击 Advanced，number of reading at each wavelength：紫外可见光探头填写 1；红外探头填写 5。

· 点击下一步。

（6）选择 use XY stage reference sample，点击 start scan。等待软件记录测量曲线，完成后点击 File→Save as 保存文件。

（7）关闭测试软件，然后关闭薄膜分析仪。

【实验结果与数据处理】

上述实验步骤（5）完成后，需要对实验结果进行拟合分析得到最后的光学参数和膜厚值。拟合过程如下：

（1）单击 χ 图标，进入 Analyse 窗口。

（2）单击 Advanced Mode 图标，进入 Advanced Analysis 窗口。

（3）第一次拟合。

    Method →Analyse using：选择 Powel method

    Ambient →Material model：选择 Cauchy

    Layer 1：勾选 C0

    Layer 2：勾选 C0

单击 OK 按钮后单击 Start 按钮，第一次拟合结束。

（4）第二次拟合。

    Layer 1：勾选 C0、C1

    Layer 2：勾选 C0、C1

单击 OK 按钮后单击 Start 按钮，第二次拟合结束。

（5）第三次拟合。

Layer 1：勾选 C0、C1、C2

Layer 2：勾选 C0、C1、C2

单击 OK 按钮后单击 Start 按钮，第三次拟合结束。

（6）单击 ↗ 图标，出现拟合的 n、k 曲线。

（7）点击 File→Save as 保存文件，注意保存格式为 TXT，这样便于 Origin 软件作图。

【注意事项】

（1）层数：不超过 5 层。

（2）薄膜厚度范围：5 nm～20 μm。

（3）材料：电介质、高聚物、半导体和金属。

（4）基体：透明，半透明或半吸收。

（5）样品尺寸：长度大于 10 mm。

【思考题】

1. 薄膜样品的透过率曲线的波数与膜厚之间的关系。

2. 为什么 nkd－8000 测量薄膜光学参数和膜厚对薄膜薄膜表面质量要求比较高？

实验三十四　电子材料比表面积测试

　　比表面积是电子材料的重要性能参数之一，是评价电子材料的活性、催化和吸附等多种性能的重要依据。目前，针对比表面积分析已建立了多种测试手段，其中气体吸附法检测电子材料的比表面积有着显著的优势。国际标准化组织(ISO)和美、欧、日、韩等国和地区都已制定了气体吸附法测试电子材料比表面积的相关标准。在我国，最具代表性的有关气体吸附法的测试标准有 GB/T 19587—2004《气体吸附 BET 法测定固体物质比表面积》。

　　国内外的相关实验教材都有电子材料比表面积测试实验，测定电子材料比表面积的方法很多，使用最普遍的是 BET 比表面积测试法(简称 BET 法，BET 是三位科学家 Brunauer、Emmett 和 Teller 的首字母缩写)，BET 法可分为静态法和动态法。前者有容量法、重量法等；后者有常压流动法、色谱法等。本文介绍"BET 容量法测试电子材料比表面积"实验的原理和操作方法。

【实验目的】

　　1. 通过测试电子材料的比表面积掌握比表面分析仪的基本结构及原理。

　　2. 学会用 BET 容量法测定电子材料比表面积的方法。

【实验原理】

　　用氮吸附法测定电子材料比表面积，是以被测试样为吸附剂，N_2 为吸附质，在低温环境下进行物理吸附的方法。根据 BET 的多层吸附理论，在液氮温度下待测样品对 N_2 发生多层吸附，其吸附量 V_0 与 N_2 的相对压力 P/P_s 有关，其关系式称为 BET 公式：

$$\frac{\frac{P}{P_s}}{V_0\left(1-\frac{P}{P_s}\right)} = \frac{1}{V_m C} + \frac{C-1}{V_m C}\cdot\frac{P}{P_s} \tag{34.1}$$

$$\frac{P}{V_0(P_s-P)} = \frac{1}{V_m C} + \frac{C-1}{V_m C}\cdot\frac{P}{P_s} \tag{34.2}$$

此公式适用范围(与实验符合较好)$P/P_s=0.05\sim0.35$。式中，P 为吸附平衡时氮气压力；P_s 为吸附温度下氮的饱和蒸气压；V_0 为平衡吸附量，以标准毫升(指标准状态下的毫升数)计；C 为与吸附热及凝聚热有关的物质常数；V_m 为单分子层饱和吸附量(单分子层复盖量)，以标准毫升计。

　　根据对试样进行多点吸附测量，以 $P/V_0(P_s-P)$ 对 P/P_s 作图得一直线，由直线的截距及斜率得出 V_m 及 C 值后，可算出一克超微粉的全表面积，即被测试样的比表面

积 S_w。

$$S_\mathrm{w} = \frac{V_\mathrm{m} N \sigma}{22.4 \times 10^3 W} = \frac{4.36 V_\mathrm{m}}{W} \tag{34.3}$$

式中，σ 为被吸附的一个氮分子在液氮沸点温度下的有效截面积$(1.62 \times 10^{20}\ \mathrm{m}^2)$；$N$ 为阿伏加德罗常数 $6.023 \times 10^{23}\ \mathrm{mol}^{-1}$；$W$ 为被测试样的重量(g)。

当与吸附剂和吸附质有关的常数 C 值比 1 大得多$(C > 50)$时，式(34.2)可简化为

$$\frac{P}{V_0 (P_\mathrm{s} - P)} = \frac{1}{V_\mathrm{m}} \cdot \frac{P}{P_\mathrm{s}} \tag{34.4}$$

$$V_\mathrm{m} = \frac{P_\mathrm{s} - P}{P_\mathrm{s}} V_0 \tag{34.5}$$

式(34.5)称为 BET 单点吸附公式，所以当 C 值较大时，可取 P/P_s 值在 $0.05 \sim 0.35$ 之间的合适值进行单点吸附，用式(34.3)和式(34.5)算出 S_w。

对金属及合金等物质，在以 N_2 为吸附质，超微粉为吸附剂进行物理吸附时，其相应物质常数 C 均是未知的。这样在用氮吸附法测其各超微粉的比表面积时，必须采用多点吸附法。用此法测量时，首先将被测超微粉试样烘干抽空脱附，然后在$(0.05 \sim 0.35)P_\mathrm{s}$ 之间选不同的吸附平衡压力 P 值，对试样进行多点吸附平衡测量，计算出在各吸附平衡压力 P 值下，试样吸附 N_2 的标准毫升数 V_0。以 $P/V_0(P_\mathrm{s} - P)$ 对 P/P_s 作图得一直线，直线的截距 b 和斜率 k 分别为

$$b = \frac{1}{V_\mathrm{m} C}, \quad k = \frac{C - 1}{V_\mathrm{m} C} \tag{34.6}$$

由式(34.6)得

$$V_\mathrm{m} = \frac{1}{k + b}, \quad C = \frac{k}{b} + 1 \tag{34.7}$$

将 V_m 值代入式(34.3)算出 S_w。

【实验仪器】

本实验使用的仪器是比表面及孔径分析仪 F－SORB3400CE，如图 34.1 所示。

图 34.1　比表面及孔径分析仪

【实验内容与步骤】

1. 样品处理

（1）样品管称量。装样前首先称量样品管质量，注意检查样品管是否干净，是否损坏。

（2）装样品。用配套的漏斗装样品，样品必须装入样品管底部的粗管中。如果样品颗粒较大，可以不用漏斗，但不可将样品粘在样品管两端细管的管壁上，否则对吸附有影响。称量样品的质量根据实际比表面积确定，大比表面积称少量，小比表面积可尽量多称，但样品的体积不能超过样品管容积的 2/3。

（3）样品烘干。

① 温度要求：一般样品最低烘干温度为 105℃，这时样品中的水分子才能沸腾。如果不能确定烘干温度，可根据样品的耐温程度确定，测比表面积时温度一般在 150℃ 左右。

② 真空度要求：测比表面积一般不用抽真空，孔多时，建议抽真空；测量孔径分布时，都要抽真空；样品处理不能用鼓风干燥箱鼓风。

③ 处理时间：3 小时左右，可根据实际调节。

（4）样品称量。样品烘干后从烘箱中取出，迅速移入干燥器中冷却至常温，然后再称量样品和样品管的总质量，最后计算出样品的实际质量，即样品质量＝样品和样品管总质量－样品管质量（单位：mg）。

2. 测试前准备

（1）安装样品管。将处理好的样品装入测试仪器，注意样品管接头是金属材质，不要将管子磕破。

（2）通气。主机通电前应首先通气，将两路气体压力分别调节为 0.16 MPa，通气时间不少于 5 分钟，若仪器长期不用，则通气时间长一些，以免热导池损坏。

（3）热导池预热。通气一段时间后，再调节气压值至 0.16 MPa（开始气压会有所下降，需多次调节），点击"热导池预热"，系统自动调节流量到一定值，热导池通电预热，预热时间需要 30 分钟左右。

3. 实验参数设置

打开 BET 测试参数设置界面，BET 测试 P/P_0 在 0.05～0.35 之间选 3 个点，软件中已经在此范围平均选了 7 个点，只需在要测的点前打勾即可，BET 法测试最少选 3 个点。若选一个点或两个点，得出的结果只是单点 BET 结果。定量管体积已经提前校准，不能改动，自己也可以用标准样品重新校准。

4. 样品测试

先观察气压表是否显示为 0.16 MPa，实验设置是否准确，然后点击"开始测试"。系统自动进行一次复位操作，此时检查一切是否正常，这时系统提示是否进行实验，点"是"则自动调节流量开始测试。

测试过程中，软件设置内容无法改动，设置图标显灰色，如果中间要停止实验，先点击"结束实验"，待程序结束后，此时设置图标变亮，再关闭软件窗口，程序未结束时不可强制关闭窗口，以免数据丢失。测试过程中，可以通过改变坐标轴大小调整曲线的显示比例。

【实验结果与数据处理】

实验过程中，开始测完一个 P/P_0 点，软件会根据填写的参数信息自动建立一个文档并且保存数据，默认在文件安装目录下，保存目录也可以自己设置，每测完一个点，软件会自动保存一次，不会因为偶然性错误引起数据丢失。一次实验结束后关闭窗口时，软件会提示是否保存数据，点击"是"。

【注意事项】

（1）4 路中不测的一路必须接一样品管，参数设置中对应的这一路样品质量写为"测"。

（2）多点 BET 测试最少选 3 个点，单点 BET 只需选一个点（0.20 或 0.25 点）。

（3）软件中的样品名称和质量设置要与测试管路中被测样品一一对应。

（4）整个测试过程中气压即使有稍微的波动也不可调节；此外在测试过程中，不可强制关闭程序。

（5）实验结束后，先关掉主机电源，过几分钟再关闭气源。

【思考题】

1. 在实验中为什么控制 P/P_0 在 0.05 - 0.35 之间？

2. 仪器使用过程中还有哪些注意事项？

实验三十五　电子材料密度测量

密度是物质的特性之一，不同物质的密度一般是不同的，因此可以利用密度来鉴别物质。其办法是测定待测物质的密度，把测得的密度和密度表中各种物质的密度进行比较，即可鉴别所测物体是由什么物质做成的。

【实验目的】

1. 掌握电子天平的使用方法。
2. 掌握测定一般固体材料密度的方法。
3. 掌握测定薄膜材料密度的方法。
4. 掌握测定粉体材料密度的方法。
5. 掌握测定一般液体材料密度的方法。

【实验原理】

在半导体领域，薄膜与粉体是两种常见的电子材料，已成为微电子、信息、传感器、光学等多种技术的基础，并广泛渗透到当代科技的各个领域。因而，对薄膜及粉体基本物理性质的研究有着重要的意义。密度作为薄膜与粉体的一个基本物理参量，在研究薄膜与粉体性质的过程中，有必要对其进行较为精确的测量。

薄膜密度的测量可采用称量法。称量法的原理比较简单，若整个薄膜样品的厚度及密度均匀，则薄膜的密度可表示为

$$\rho = \frac{m}{s \cdot d} \tag{35.1}$$

式中，m 为膜的质量，d 为膜的厚度，s 为膜的面积。只要测出膜的质量、面积和厚度就可以求出薄膜的密度。镀膜前衬底和镀膜后样品的质量分别用电子天平（精度可达到 0.0001 g）测量，镀膜前后样品的质量差即是所镀薄膜的质量。膜的面积可用游标卡尺测量（所用样品的形状是规则的），椭偏仪可测出膜厚，将测得的各种膜的质量、面积及厚度值分别代入式(36.4)中计算，就得到各种膜的密度。

粉体具有一定的流动性，粉体的密度对粉体的流动性影响巨大，故研究粉体的密度这一特性对粉体加工、输送、包装、存储等方面都具有重要意义。粉体的密度又可以分为：真密度和堆积密度，堆积密度又细分为松装密度和振实密度。在此我们主要研究粉体的真密度，粉体真密度是粉体质量与其真体积之比值，真体积不包括存在于粉体颗粒内部的封闭空洞。所以，测定粉体的真密度必须采用无孔材料。根据测定介质的不同，粉体真密度的

主要测定方法是浸液法。

浸液法是将粉末浸入易润湿颗粒表面的浸液中，测定样品所排出液体的体积。使用此法时必须进行真空脱气操作以完全排除气泡，具体可采用加热煮沸法和减压法，或者两法同时并用。浸液法主要有比重瓶法和悬吊法。其中，比重瓶法具有仪器简单，操作方便，结果可靠等优点，已成为目前应用较多的测定真密度的方法，比重瓶可用烧杯替代。比重瓶法不适用粒度小于 5 μm 的超细粉体，因为这类超细粉体在其表面上有更多机会强烈地吸附气体。要除去吸附气体，常需要在高温真空下处理。其密度计算公式：

$$\rho = \frac{m}{V} = \frac{m}{G/\rho_L} = \frac{m \cdot \rho_L}{m + w - r} \tag{35.2}$$

其中，m 为粉尘尘样的质量，单位 g；w 为烧杯加液体的总质量，单位 g；r 为烧杯加剩余液体加粉尘的总质量，单位 g；G 为排出液体的质量，单位 g；V 为粉尘的真体积，单位 cm^3；ρ_L 为液体的密度，单位 g/cm^3；ρ 为粉尘的真密度，单位 g/cm^3。

【实验仪器】

本实验使用电子天平如图 35.1 所示。

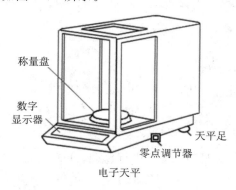

称量盘

数字
显示器

天平足

零点调节器

电子天平

图 35.1　电子天平示意图

【实验内容与步骤】

1. 固体材料的密度测量

（1）密度大于水的固体材料：首先用电子天平称出固体材料的质量；再往量筒中注入适量水，读出体积为 V_1；之后用细绳系住固体材料放入量筒中，浸没，读出体积为 V_2。计算表达式为

$$\rho = \frac{m}{V_2 - V_1} \tag{35.3}$$

带入式(35.3)计算密度。

（2）密度小于水的固体材料：用电子天平测出固体材料的质量 m；在量筒中倒入适量的水，将固体材料和铁块用细线拴好，先将测铁块没入水中，测出水和铁块的体积 V_1，再将固体材料浸没在水中，测出水、铁块、固体材料的总体积 V_2。带入式(35.3)计算密度。

（3）易于水发生化学反应的固体材料：选择其他试剂再进行上述操作。

2. 薄膜材料的密度测量

用电子天平测出膜的质量，用游标卡尺测量膜的面积（所用样品的形状是规则的），用椭偏仪测出膜厚，将测得的各种金属膜的质量、面积及厚度值分别代入式（35.1）计算。

3. 粉体材料的密度测量

（1）称量事先洗净、烘干的烧杯的质量 m_1。

（2）在烧杯内，装入一定量的粉体试样，精确称量烧杯和试样总质量 m_2，粉尘总质量 $m = m_2 - m_1$。

（3）将蒸馏水注入装有试样的烧杯内，至容器容量的 2/3 处为止，放入真空干燥器内。

（4）启动真空泵，抽气 15～20 分钟。

（5）从真空干燥器内取出烧杯，向瓶内加满蒸馏水并称其质量 r。

（6）洗净该烧杯，然后装满浸液，称其质量 w。

4. 液体的密度测量

首先称出量筒质量，记为 m_1，向其中加入被测液体后读出质量 m_2，则被测液体质量为 $m_2 - m_1$，并从量筒上直接读出体积 V，则 $\rho = (m_2 - m_1)/V$。

【实验结果与数据处理】

（1）记录各个样品的密度值。

（2）与标准密度卡片进行对比，分析产生误差的原因。

【注意事项】

（1）使用电子天平进行称量时，首先进行校准，并等待计量数稳定后进行读数。

（2）质量应在测量体积前测量，避免沾水后质量偏大。样品放入水中后要除去气泡，避免体积偏大。

【思考题】

1. 假设镀膜不是很均匀，此时如何测量薄膜密度？
2. 对于在空气中易于发生水解反应的固体与液体，如何保障测量的精确性？
3. 为了减小误差，实验中应注意什么问题？

实验三十六　PN结的温度特性研究

PN结作为构成半导体器件的基本单元，其性能直接影响着分立元件及集成电路的功能与特性，其温度特性的研究是半导体器件结构设计和制造工艺的基础。

【实验目的】

1. 研究 PN 结 I–V 特性与温度的关系。
2. 掌握几种电压-温度曲线和电流-温度曲线测量方法。
3. 加深对半导体物理中 PN 结温度特性的理解。

【实验原理】

研究温度对 PN 结电流、电压的影响，对设计 PN 结温度传感器，稳压管，提高半导体器件的热稳定性，减少集成电路的温度漂移等，具有重要意义。本实验要求测量 PN 结正向电流、正向电压和反向击穿电压等的温度系数。

1. PN 结 I–V 特性

当 PN 结外加正向电压 U_A 较大时，其正向电流密度公式可表示为

$$J_F = |J_R| e^{\frac{qU_A}{KT}} \tag{36.1}$$

或

$$\ln J_F = \ln|J_R| + \frac{q}{KT} U_A \tag{36.2}$$

即正向电流密度随外加电压按指数规律迅速增长。

当外加反向电压时，U_A 为负值。如果 $U_A \geqslant KT/q$，则指数项很快下降为 0，这时反向电流很快达到饱和，称为反向饱和电流。

若以 $\ln J_F$ 为纵坐标，U_A 为横坐标，对一组测量值 J_F、U_A 作图，应该得到一条直线。由于小注入和大注入时 J_F 受到各种因素影响，因而实际的直流方程应为

$$J_F = |J_R| e^{\frac{qU_A}{nKT}} \tag{36.3}$$

对于小注入 $n \approx 1$，即理想 PN 结直流方程；对于极小注入和大注入，n 近似为 2。因此实际测得的正向曲线应该拟合成三段直线，它们的斜率为 q/nKT，从实验曲线中找出 $n=1$ 的这一条直线（它对应于小注入，对于硅 PN 结而言 U_A 约为 $0.24 \sim 0.70$ V，不同的管子有差异），经延长后在纵轴的截距即为 $\ln|J_R|$，并由此可求得理想 PN 结的反向饱和电流密度。由于实际测量时 PN 结的面积不变，可以以电流强度代替电流密度 J_R。

2. 温度对 PN 结正向电流的影响

小注入情况下，PN 结正向电流的理论公式为

$$I_{\mathrm{F}} = |\, I_{\mathrm{R}}\,|\, \mathrm{e}^{\frac{qU_{\mathrm{A}}}{KT}} \tag{36.4}$$

其中

$$I_{\mathrm{R}} = I_{\mathrm{R0}}\, T^3 \mathrm{e}^{-\frac{E_{g0}}{KT}} \tag{36.5}$$

将式(36.5)代入式(36.4)得

$$I_{\mathrm{F}} = I_{\mathrm{R0}}\, T^3 \mathrm{e}^{\frac{qU_{\mathrm{A}}-E_{g0}}{KT}} \tag{36.6}$$

当外加电压一定时，正向电流的温度系数为

$$\frac{\mathrm{d}I_{\mathrm{F}}}{\mathrm{d}T}\bigg|\, U_{\mathrm{A}} = \left[\frac{3}{T} + \frac{(-\,qU_{\mathrm{A}} + E_{g0})}{KT^2}\right] I_{\mathrm{F}} \tag{36.7}$$

3. 温度对 PN 结正向电压的影响

在一定的正向电流下，PN 结正向电压的温度系数，可以由以下两个关系式得到

$$I_{\mathrm{F}} = I_{\mathrm{R}} \mathrm{e}^{\frac{qU_{\mathrm{A}}}{KT}} \tag{36.8}$$

$$U_{\mathrm{A}} = \frac{KT}{q}\ln\frac{I_{\mathrm{F}}}{I_{\mathrm{R}}} \tag{36.9}$$

当 I_{F} 不变时，求 V_{A} 对 T 的导数得到

$$\frac{\partial U_{\mathrm{A}}}{\partial T}\bigg|\, I_{\mathrm{F}} = -\frac{KT}{q}\cdot\frac{1}{I_{\mathrm{R}}}\cdot\frac{\mathrm{d}I_{\mathrm{R}}}{\mathrm{d}T} + \frac{K}{q}\ln\frac{I_{\mathrm{F}}}{I_{\mathrm{R}}} \tag{36.10}$$

可以证明

$$\ln\frac{I_{\mathrm{F}}}{I_{\mathrm{R}}} = \frac{qU_{\mathrm{A}}}{KT} \tag{36.11}$$

代入式(36.10)得到正向电压的温度系数为

$$\frac{\partial U_{\mathrm{A}}}{\partial T}\bigg|\, I_{\mathrm{F}} = \frac{U_{\mathrm{A}}}{T} - \frac{3K}{q} - \frac{E_{g0}}{qT} \approx -\frac{\dfrac{E_{g0}}{q} - U_{\mathrm{A}}}{T} \tag{36.12}$$

若将锗和硅的禁带宽度及常用的正向电压值代入式(36.12)，得到硅 PN 结正向电压的温度系数为 $-2\ \mathrm{mV/K}$，锗为 $-1\ \mathrm{mV/K}$。

4. 温度对 PN 结击穿电压的影响

PN 结电击穿的机构有隧道效应和雪崩倍增效应。由隧道效应引起的齐纳击穿与温度的关系取决于遂道宽度随温度变化的情况。遂道宽度可以粗略地理解为禁带的宽度，因为禁带宽度随温度的增加而减小，所以齐纳击穿的温度系数是负值。随着 PN 结宽度的增加，击穿时的电场强度减弱，隧道效应的几率显著降低。但是，通过碰撞电离产生载流子的几率增大了，在相当宽的 PN 结势垒中，当载流子到达 PN 结的边界之前，它完全可以在电场中被加速到足以产生电子-空穴对的能量。同理，新的载流子又可以被加速，产生下一代电子-空穴对，依次类推，载流子不断倍增，类似于气体中的雪崩放电。在这种情况下雪崩效应与温度依赖关系是由在晶格振动的能量损耗的变化来决定的。因为自由程的长度随温度

的上升被减小了，所以需要加大电场强度来弥补这种损失，所以在碰撞电离情况下，击穿电压的温度系数是正值。

假定在碰撞电离时能量损耗是在晶格的光频振动支上，则对扩散结而言，近似计算得出击穿电压在相对温度系数公式为

$$\frac{1}{U_{BT}} \cdot \frac{\Delta U_{BT}}{\Delta T} \approx \frac{0.25 U_B}{1 + 2.5 U_B} \tag{36.13}$$

由以上分析得知，由杂质浓度高的 P 型和 N 型半导体形成的 PN 结，它的击穿属齐纳击穿，击穿电压较低，温度系数为负值。与此相反，由杂质浓度低的两种类型半导体形成的 PN 结，它的击穿机构属雪崩电离，击穿电压较高，温度系数为正值。图 36.1 是硅 PN 结相对温度系数的典型实验曲线，可以看出，两种击穿电压相对温度系数的转折点击穿电压约为 5 V。

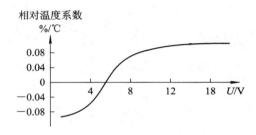

图 36.1　扩散 PN 结击穿电压的相对温度系数

【实验仪器】

晶体管特性图示仪，微电子器件温度特性测试仪，二极管，三极管。

【实验内容与步骤】

（1）自行设计测量二极管 I-V 特性的线路。为减小测量误差，请注意电流表和电压表的接入位置。

（2）晶体管特性图示仪上观察两种类型硅二极管的 I-V 特性，记下正向电流的最大允许值所对应的正向电压 U_{AM} 及反向击穿电压 U_B。

（3）在 $U_{AM} \sim U_B$ 范围内测量二极管正、反向 I-V 特性。

（4）测量二极管在阀值电压的正向电流温度系数。

（5）测量二极管在正常使用电流时正向电压温度系数。

（6）测量二极管在反向击穿时击穿电压的相对温度系数。

（7）试利用 PN 结的温度特性设计一对功率器件的过温保护电路。

【实验结果与数据处理】

（1）画出 U-T 变化曲线，T 为横坐标，U 为纵坐标，利用最小二乘法求被测 PN 结正向压降随温度变化的灵敏度 S（斜率）。

（2）求被测 PN 结材料的禁带宽度 $E_{g(0)}$，并与标准值 1.21 eV 进行比较，求其相对误差。

【注意事项】

（1）待测电路连线正确，确认正常以后方可打开电源。
（2）实验结束后应先关掉电源，再拆除连线。
（3）加热装置工作较长时间后，温度较高，注意安全以免烫伤。

【思考题】

为什么测得的 PN 结材料的禁带宽度与标准值有误差？

实验三十七　PN 结结深的测量

　　P 型半导体和 N 型半导体接触面形成 PN 结，P 区中有大量空穴流向 N 区并留下负离子，N 区中有大量电子流向 P 区并留下正离子（这部分叫做载流子的扩散），正负离子形成的电场叫做空间电荷区，正离子阻碍电子流走，负离子阻碍空穴流走（这部分叫做载流子的漂移），载流子的扩散与漂移达到动态平衡，所以 PN 结不加电压下呈电中性。PN 结的结构和特性直接决定着半导体器件的外在特性，器件制造过程中对结深的测量至关重要。

【实验目的】

　　采用磨角法用化学取代镀层测定扩散层 PN 结的结深。

【实验原理】

　　测量结深的方法很多，在这里只介绍半导体器件制造工艺中通常采用的磨角法，它是采用磨角器经过研磨，使待测样品得到一机械剖面，然后用染结的办法，将 PN 结的位置显示出来，最后在显微镜下观察和测量，对显微镜的选择可选用干涉显微镜，也可以选用测量显微镜，选用干涉显微镜除不要求知道磨角器的角度外，主要适用于浅结和测量精确性要求高的情况。而选用测量显微镜时，磨角器的角度必须知道。

　　采用磨角法测结深时，首先将待测硅片用松香和石蜡混合液或其他材料沾在磨角器上，磨角器的斜面具有一定角度（在结深 $X_j < 10 \ \mu m$ 时，选择角度为 2°，而 $X_j > 10 \ \mu m$ 时，选择角度为 5°），一般角度小一点，可得较大的斜面，测量的误差会小一些。然后用 305$^{\#}$ 金刚砂研磨，再用去离子水抛光（水磨），抛光后后取下片子清洗，烘干待测。经研磨和抛光后的硅片如图 37.1 所示，研磨和抛光后的斜面角度 θ，正是磨角器的角度，经 Cu 染色后，如基片是 P 型，扩散层是 N 型，则扩散层将染有 Cu，在测量显微镜下，测出染 Cu 层的厚度 d，然后通过公式：

$$X_j = d \cdot tg\theta \approx d \cdot \theta \tag{37.1}$$

可求出结深 X_j。

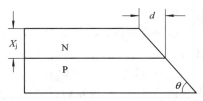

图 37.1　研磨后硅片的外形

目前染色的方法有以下几种：

（1）生长薄膜法（或称 HF – HNO_3 法），在浓 HF 酸中加入 0.1% 的发烟硝酸，然后滴在 PN 结上面，加光照，结果使 P 区变暗（或黑色），而 N 区颜色不变仍发亮，这样就区分了 P 区和 N 区。此法对于 P 型电阻率在 $0.25\sim 0.1 \ \Omega \cdot cm$ 的范围内，最为有效。

（2）电化学取代镀层法，由于 Si 的电化学势高于 Cu、Ag、Au 等，因此能将金属中 Cu、Ag、Au 置换出来而形成镀层。又由于 N 型硅的电化学势高于 P 型，因此取代是有先后的，首先在 N 型硅上得到镀层，时间再加长，P 型硅上也镀上。因此采用此法时，需要察看镀层，只要结区已显出，在 P 型未镀前就应停止电化学反应。

镀膜中加少许 HF 可除去表面的氧化物，但过多会加快反应，以致各处都镀上 Cu，导致无法辩别 PN 结的位置。

（3）选择性电解氧化法，该方法对于显示极浅的结（$\sim 0.1 \ \mu$）很方便。将磨成斜角的样品用镊子夹住后放入稀释的 KNO_3 电解液中（镊子尖不要浸入溶液内），样品作为阳极，另用金属作一阴极，通电密度约为 $50 \ mA/cm^2$，经一分钟后，在硅片上即产生可见的氧化薄膜颜色的突变，就可显出结，在正常情况下，耗尽层两个边界也同样被清楚地显示出来，此法也能显示出 $N^+ – N$ 的结。

【实验仪器】

5°或 2°磨角器，金刚砂，玻璃板，硫酸铜溶液，含 PN 结的硅片。

【实验内容与步骤】

（1）将用松香和石蜡做成的混合粘料，涂在放在电炉上加热的磨角器上，使它熔化。

（2）将待测样品放在磨角器的小斜边上，如图 37.2 所示，从电炉上取下磨角器，让其冷却。

图 37.2　样品粘结的位置图

（3）将 $305^{\#}$ 金刚砂与去离子水在玻璃板上调成糊状。

（4）将磨角器粘有样品的一面，面对玻璃板，轻轻以 8 字形研磨，边磨边观察，待磨到图 38.2 的虚线部位时，用去离子水将粘有样品的磨角器冲洗干净，再在另一块玻璃板上用去离子水抛光样品被磨斜面。

（5）将磨角器放在电炉上加热，待松香和石蜡的混合粘料熔化后，用镊子将样品取下，放入甲苯中，熔去样品中残留的石蜡。

（6）将样品从甲苯中取出，稍干后，用镊子夹住样品，将磨斜面侵入已配好的硫酸铜溶液中，10 秒后取出，在灯光下再让光照 15 秒左右，用水冲洗干净。

【实验结果与数据处理】

将样品放在显微镜下观察，并绘出图 37.1 中所示的 d 尺寸，代入式(37.1)，计算出 X_j，一般情况下使用的磨角器角度为 5°和 2°两种。多次测量求平均值。

【注意事项】

(1) 磨角前，确保仪器干净以便磨角器能自由转动。

(2) 从磨角器上取下硅样片后，一定要用酒精棉球擦拭干净。

【思考题】

1. 石蜡在实验中主要起粘合剂的作用，但也有极大的负面效应，哪些情况下需要清除石蜡？

2. 为什么贴样片时要将有光泽的一面向上？

实验三十八　半导体光敏二极管的光谱特性研究

光敏二极管又叫光电二极管是将光信号变成电信号的半导体器件，是一种能够将光信号根据使用方式转换成电流或者电压信号的光探测器。其管芯常使用一个具有光敏特征的 PN 结，对光的变化非常敏感，具有单向导电性，而且光强不同的时候会改变电学特性，因此可以利用光照强弱来改变电路中的电流。

【实验目的】

1. 研究入射光波长对不同 PN 结光电特性的影响。
2. 掌握单色仪的使用方法。
3. 熟悉光电二极管光电流、光电压的测量方法。
4. 加深对半导体物理中光电转换原理的理解。

【实验原理】

1. 半导体光敏二极管的基本结构与原理

半导体光敏二极管与普通二极管相比，有许多共同之处，它们都有一个 PN 结，同时，它们均属单向导电性的非线性元件。但是，半导体二极管是一种光电转换器件，在结构上有它特殊之处，结构如图 38.1 所示。为了获得尽可能大的光生电流，需要有较大的工作面，即 PN 结面比普通二极管要大得多，且通常就以扩散层作为它的受光面，为此，受光面上的电极做得较小。另外，为了提高光电转换效率，PN 结的深度一般也比普通二极管浅。为了保证管子的稳定性，减小暗电流和防止光线的反射，在器件表面上还必须制作一层纯化膜和抗反射涂层（如在硅表面生长一层一氧化硅）。

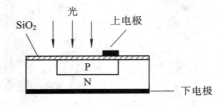

图 38.1　光敏二极管结构图

光敏二极管的光电效应，不仅与入射光的强弱有关，而且与入射光波长也有密切的关系。就是说，尽管各入射光的能量（或光子数）相等，但是它所产生的电学量（光电流或光电压）的大小却随波长而异。这种输出电学量对波长的依赖关系，称为光敏二极管的光谱特性。通常把固定波长下，输入单位光功率所产生的输出电流的大小，定义为光敏二极管（包括太阳电池等其它光电器件）的光谱响应度，常用的单位为微安/微瓦（$\mu A/\mu W$）。光谱响应度随波长的变化曲线，称之为光敏二极管（或其它光电器件）的光谱响应曲线。

本实验要求测量出 PN 结硅光敏二极管的光谱响应曲线。通过实验，加深对 PN 结的光电转换过程理解，初步掌握测量光电器件光谱响应曲线的实验方法。

2. PN 结光电转换机理

图 38.2 是 PN 结光电转换过程的示意图。光线投射到光敏二极管的表面时，存在如下几种情况：

（1）入射光被二极管表面反射，而不能进入二极管内部。如洁净的硅表面，对 $0.4\sim 1\ \mu m$ 的波长来说，其反射系数大约为 30%。这是一个很大的损失，若采用合适的表面抗反射涂层，则有可能使反射损失减到最小。

（2）当进入二极管的光子能量小于半导体材料禁带宽度时，光线将穿过该材料而成为透射。

（3）能量大于材料禁带宽度的光子，进入到二极管中时，能产生光子吸收，使电子能量从价带升高到导带，产生电子空穴对。

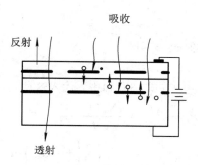

图 38.2　光电转换机理示意图

下面用如图 38.3 所示的一维模型，介绍入射光子吸收以后，PN 结的光电转换过程。

假设波长为 λ，光子流密度为 N_0 个/$cm^2 \cdot S$ 的光入射到半导体表面时，在距离表面为 x 处的光子流密度为

$$N(x) = [1 - R(\lambda)]N_0 e^{-\alpha x} \qquad (38.1)$$

式中，$R(\lambda)$ 为表面反射率，α 为半导体材料的吸收系数。它们都是波长 λ 的函数。

图 38.4 给出了半导体材料硅的吸收系数和反射系数与波长的关系。

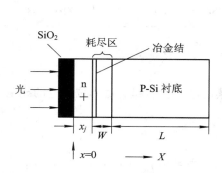

图 38.3　光敏二极管 PN 结一维模型图

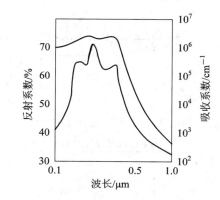

图 38.4　硅的反射系数和吸收系数与波长的关系

而作为 x 的函数的电子-空穴对的产生率，实际上等于入射光子在该处的吸收率，即

$$G(x) = -\frac{\mathrm{d}N(x)}{\mathrm{d}x} = \alpha(\lambda)N_0[1 - R(\lambda)]\exp[-\alpha(\lambda)x] \qquad (38.2)$$

对于衬底为 P 型，表面掺杂区为 N 型的 N/P 结光电二极管，在低注入光强条件下，可

以得到少数载流子连续方程，对结的表面一侧有

$$D_p \frac{d^2(P_n - P_{n0})}{dx^2} + \alpha N_0(1-R)\exp(-\alpha x) - \frac{P_n - P_{n0}}{\tau_p} = 0 \qquad (38.3)$$

其一般解为

$$P_n - P_{n0} = A \cosh\left(\frac{x}{L_p}\right) + B \sinh\left(\frac{x}{L_p} - \frac{\alpha N_0(1-R)\tau_p}{(\alpha^2 L_p^2 - 1)} \times \exp(-\alpha x)\right) \qquad (38.4)$$

式中，L_p 为少子空穴的扩散长度，$L_p = (D_p \tau_p)^{\frac{1}{2}}$，$D_p$ 为空穴的扩散系数，τ_p 为空穴寿命。常数 A，B 由以下两个边界条件决定：在 $x=0$ 处，

$$D_p \frac{d(P_n - P_{n0})}{dx} = S_p(P_n - P_{n0}) \qquad (38.5)$$

在 $x = x_j$ 处，

$$P_n - P_{n0} = 0 \qquad (38.6)$$

在式(38.4)中，代入这些边界条件，即可求得空穴密度为

$$P_n - P_{n0} = \frac{\alpha N_0(1-R)\tau_p}{\alpha^2 L_p^2 - 1}$$

$$\times \frac{\left[\left(\frac{S_p L_p}{D_p} + \alpha L_p\right)\sinh\frac{x_j - x}{L_p} + \exp(-\alpha x_j)\left(\frac{S_p L_p}{D_p}\sinh\frac{x}{L_p} + \cosh\frac{x}{L_p}\right) - \exp(-\alpha x)\right]}{\frac{S_p L_p}{D_p}\sinh\frac{x_j}{L_p} + \cosh\frac{x_j}{L_p}}$$

$$(38.7)$$

因为在中性 N 区没有电场，只有扩散电流，故空穴电流密度可以写成：

$$J_p = -qD_p = \frac{d(P_n - P_{n0})}{dx} \qquad (38.8)$$

故在结边缘 $x = x_j$ 处，每单位带宽得到的空穴光电流密度为

$$J_p = \left[\frac{qN_0(1-R)\alpha L_p}{\alpha^2 L_p^2 - 1}\right]$$

$$\times \frac{\left[\left(\frac{S_p L_p}{D_p} + \alpha L_p\right) - \exp(-\alpha x_j)\left(\frac{S_p L_p}{D_p}\cosh\frac{x_j}{L_p} + \sinh\frac{x_j}{L_p}\right) - \alpha L_p\exp(-\alpha x_j)\right]}{\frac{S_p L_p}{D_p}\sinh\frac{x_j}{L_p} + \cosh\frac{x_j}{L_p}}$$

$$(38.9)$$

同理，在均匀的 P 衬底中，由于在结边缘收集的电子所引起的每单位带宽的光电流为

$$J_n = \frac{qN_0(1-R)\alpha L_n \exp[-\alpha(x_j + W)]}{\alpha^2 L_n^2 - 1}$$

$$\times \left[\alpha L_n - \frac{\frac{S_n L_n}{D_n}\left[\cosh\frac{x_j}{L_n} - \exp(-\alpha x_j)\right] + \sinh\frac{x_j}{L_n} + \alpha L_n\exp(-\alpha x_j)}{\frac{S_n L_n}{D_n}\sinh\frac{x_j}{L_n} + \cosh\frac{x_j}{L_n}}\right] \quad (38.10)$$

式(39.9)、式(39.10)中的 S_p 和 S_n 分别为 N 区和 P 区表面复合速度。

另外，在耗尽区内也发生一些光生载流子的收集。可以认为，耗尽区中的电场足够的强，以致光生载流子在它们复合之前，就被加速离开耗尽区，所以每单位带宽的光生电流

就简单地等于所吸收的光子数：

$$J_{\mathrm{dep}} = qN_0(1-R)\exp(-\alpha x_j)[1-\exp(-\alpha W)] \tag{38.11}$$

因此，对于给定的波长，总的短路光电流为表面 N 区中的空穴电流密度、P 型掺杂区中的电子电流密度以及耗尽区中的光生电流密度之和，即

$$J_{\mathrm{sc}} = J_{\mathrm{p}} + J_{\mathrm{n}} + J_{\mathrm{dep}} \tag{38.12}$$

而光谱响应等于这个和值 J_{sc} 除以入射的光功率 $N_0 E_\lambda$，即波长为 λ 所对应的光谱响应度 S_R 为

$$S_{\mathrm{R}}(\lambda) = \frac{J_{\mathrm{p}} + J_{\mathrm{n}} + J_{\mathrm{dep}}}{N_0 E_\lambda} \tag{38.13}$$

式中，E_λ 为波长 λ 所对应的光子能量。

所以测量不同波长的入射光（对应有一定的光功率）所产生的光电流，就可以得到光电二极管的光谱响应度随波长的变化曲线。为方便起见，通常把最大的光谱响应度作为 1，进行归一化处理，从而得到了相对光谱响应曲线。

【实验仪器】

光敏二极管光谱特性测试装置如图 38.5 所示，它由下面三部分组成：

（1）光源系统：实验中，一般使用低压强光灯泡作为光源。本实验采用 12 V 100 W 的溴钨灯，用直流稳流电源供电，以保证输出光功率的稳定性。由光源所发出的白炽光，通过透镜聚焦以后，可以得到均匀的细小的光斑，投射到单色仪的入射狭缝上。

（2）分色系统：采用棱镜单色仪，对投射到入射狭缝上的白光进行分光，其分光光路图如图 38.6 所示。

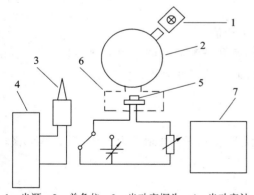

1—光源；2—单色仪；3—光功率探头；4—光功率计；
5—被测样品；6—暗箱；7—数字电压表

图 38.5　光谱特性测试原理图

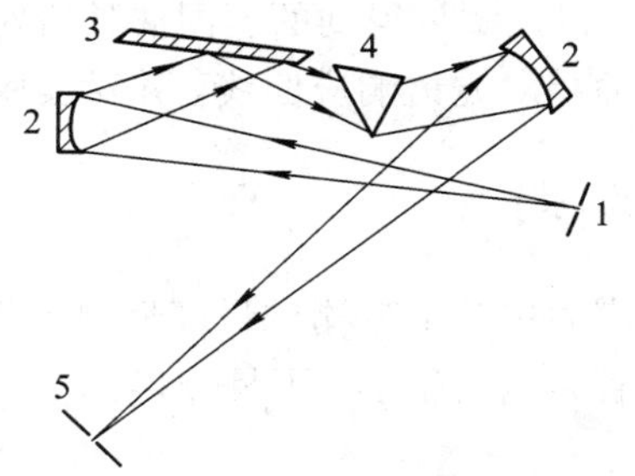

1—入射狭缝；2—凹面反射镜；3—平面反射镜；
4—三棱镜；5—出射狭缝

图 38.6　棱镜单色仪分光光路图

白炽光从入射狭缝进入，通过第一个凹面反射镜，平行的反射到平面镜上，又经反射而进入三棱镜，通过棱镜的分光作用，把光束展开呈包含各种波长的连续光谱带，投射到第二个凹面镜上，而其中只有满足最小偏向角波长的光，才能通过凹面反射镜，准确地投射到出射狭缝的中心点上（对理想的点光源而言）。

实际上，在出射狭缝上得到的是具有一定带宽的单色光。调节入射狭缝和出射狭缝的

宽度，可以改变出射光束的单色性，狭缝愈窄，单色性愈好，但这必须与光源的光强和接收器的灵敏度相配合。

（3）检测系统：分光后的各种单色光光强，可以用绝对辐射功率计、热电场（或热电堆）、光子计数器和光功率计来进行检测。本实验采用光功率计来检测光束的光功率，也可将各种单色光的光功率预先校正好，将各种波长单色光的相对光功率数据用表列出。被测光敏二极管的输出电信号采用数字电压表（或微电流计）进行记录。

【实验内容与步骤】

（1）检查单色仪的入射狭缝和出射狭缝是否为 0.3 mm。如果不是，则可转动狭缝调节器，使之处在正确的读数上。调节方法是，顺时针旋转方向使狭缝宽度减小，反时针方向则使之增大。注意，狭缝是单色仪的关键部件，调节时，务必十分小心，旋转速度要慢，而且一定要边观察、边调节。

（2）调整光源及透镜的相对位置，使光源、透镜光心和入射狭缝的中央位置处于同一光轴上，并使投射到入射狭缝上的光斑细小而均匀。

（3）根据实验卡片中给出的本棱镜单色仪的波长校正表，改变波鼓的读数，在出射狭缝上用光功率计测量从 4000～11000 Å 的波长范围内，每间隔 250 Å 的波长所对应的光功率。

（4）用硅光敏二极管代替光功率计探头，并用数字电压表记录被测样管的光电输出电压，重复步骤（3），在光敏二极管输出回路上串联的 1 kΩ 的取样电阻中，读取各单色光束在被测样管上所产生的光电流值。

【实验结果与数据处理】

（1）对上述步骤（3）所得结果测量两次求其平均值。

（2）根据测量得到的不同波长所对应的光功率和被测样管的输出光电流值，作出光敏二极管的相对光谱响应曲线，并对实验结果进行简要的定性分析。

【注意事项】

本实验中暗电流测试最高反向工作电压受仪器电压条件限制定为±12 V（24 V），硅光敏二极管暗电流很小，不易测得。

【思考题】

为什么在测量光谱特性前，要先明确不同波长的光源光功率与光源电压的对应关系？

实验三十九　晶体管直流参数对电路性能的影响

晶体管在电子技术中具有非常广泛的应用，在晶体管的制造过程和使用前都要检测其性能，直流参数是表征其性能的最重要内容。本实验通过测试晶体管的直流参数分析晶体管的性能，为电路设计提供依据。

【实验目的】

本实验的目的是通过测试单管放大电路中晶体管的直流参数，了解晶体管直流参数对放大电路性能的影响；了解 JT－1 型图示仪工作原理，掌握其使用方法，并用该仪器进行晶体管直流参数测试及芯片检测，分析晶体管质量，找出晶体管性能差异及失效原因，作为进一步改进器件性能的依据。

【实验原理】

利用图示仪测试晶体管输出特性曲线的原理如图 39.1 所示。图中 BG 代表被测的晶体管，R_B、E_B 构成基极偏置电路。取 $E_B \geqslant V_{BE}$，可使 $I_B = (E_B - U_{BE})/R_B$ 基本保持恒定。在晶体管 C－E 之间加入一锯齿波扫描电压，并引入一个小的取样电阻 R_E，这样加到示波器上 X 轴和 Y 轴的电压分别为

$$U_x = U_{CE} = U_{CA} + U_{AE} = U_{CA} - I_C R_E \approx U_{CA} \tag{39.1}$$

$$U_y = -I_E \cdot R_E - I_C R_E \tag{39.2}$$

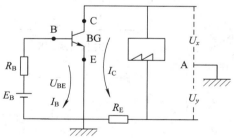

图 39.1　测试输出特性曲线的原理电路

当 I_B 恒定时，在示波器的屏幕上可以看到一根 $I_C - U_{CE}$ 的特性曲线，即晶体管共发射极输出特性曲线。

为了显示一组在不同 I_B 的特性曲线簇 $I_{Ci} = \Phi(I_{Ci}, U_{CE})$，应该在 X 轴的锯齿波扫描电压每变化一个周期时，使 I_B 也有一个相应的变化，所以应将图 39.1 中的 E_B 改为能随 X 轴的锯齿波扫描电压变化的阶梯电压。每一个阶梯电压能为被测管的基极提供一定的基极电

流，这样不同的阶梯电压 U_{B1}、U_{B2}、U_{B3}…就可对应地提供不同的恒定基极注入电流 I_{B1}、I_{B2}、I_{B3}…。只要能使每一阶梯电压所维持的时间等于集电极回路的锯齿波扫描电压周期，如图 39.2 所示，就可以在 T 时刻扫描出 $I_C = \Phi(I_{BC}, U_{CE})$ 曲线，如在 T_1 时刻可扫描出 $I_{C1} = \Phi(I_{B1}, U_{CE1})$ 曲线。通常阶梯电压有多少级，就可以相应地扫描出多少根 $I_C = \Phi(I_B, U_{CE})$ 输出特性曲线。

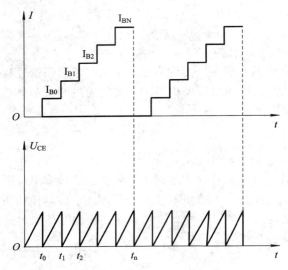

图 39.2　基极阶梯电压与集电极扫描电压间的关系

JT-1 型晶体管特性图示仪就是根据上述的基本工作原理而设计的。它由基极正负阶梯信号发生器，集电极正负扫描电压发生器，X 轴、Y 轴放大器和示波管等部分组成，其组成框图如图 39.3 所示，详细工作原理可参考图示仪说明书。

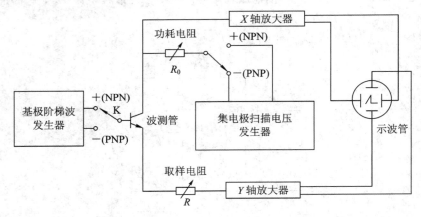

图 39.3　图示仪的组成框图

【实验仪器】

JT-1 型图示仪，信号发生器，示波器，面包板，三极管，电阻器，电容器等。

【实验内容与步骤】

设计一个单管放大器,其电压放大倍数为100,选择一个晶体管,测量其相关参数,将其放置到电路中,测量放大电路参数,分析晶体管特性对电路参数的影响。

1. 反向漏电流和反向击穿电压的测试

将晶体管按规定的引脚插入图示仪插座,逐渐加大反向偏置电压,即可观察到晶体管反向伏安特性曲线,进而可测出反向漏电流。当反向电压增加到某一数值之后,反向电流迅速增大,这就是击穿现象。通常规定晶体管两极之间加上反向电压,当反向漏电流达到某一规定值时所对应的电压值即为反向击穿电压。

晶体管的反向漏电流和反向击穿电压有三种情况:

(1) I_{CBO},$U_{(BR)CBO}$:E 极开路时 C-B 之间的反向漏电流和反向击穿电压;

(2) I_{EBO},$U_{(BR)EBO}$:C 极开路时 E-B 之间的反向漏电流和反向击穿电压;

(3) I_{CEO},$U_{(BR)CEO}$:B 极开路时 C-E 之间的反向漏电流和反向击穿电压。

根据这些参数的定义,测试时分别将晶体管 C、B 极,E、B 极和 C、E 极插入图示仪上的插孔 C、E 中,调节峰值电压值,即可进行测量。测试 I_{CEO},$U_{(BR)CEO}$ 时,也可将晶体管 E、B、C 极同时和图示仪连接,将基极阶梯信号选用"零电流",在 C、E 之间加上反向电压进行测量。

2. 输入阻抗的测试

晶体管的输入特性对于共发射极电路来说是指 I_B,U_{BE} 的关系,输入阻抗用 h_{IE} 表示。

以 NPN 管为例,将被测管 E、B、C 极分别插入图示仪插座孔 E、B、C 插孔,然后加大"峰值电压",便可得到如图 39.4 所示的共发射极组态下的输入特性曲线。

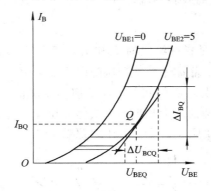

图 39.4 晶体管输入特性的测试

共发射极输入阻抗 h_{IE} 的定义可表示为

$$h_{IE} = \frac{\partial U_{BE}}{\partial I_B}\bigg|_{U_{CE}=常数} \approx \frac{\Delta U_{BE}}{\Delta I_B}\bigg|_{U_{CE}=常数} \tag{39.3}$$

例如:若要测出当 $U_{CE}=5$ V,$I_B=40$ μA 时的输入阻抗,可以调节"峰值电压"旋钮使 $U_{CE}=5$ V,"阶梯选择"置 10 μA/级,从图 39.4 右边一根曲线上,可自下而上数到第 4 个亮点(Q 点),就对应于 $I_B=4\times10$ μA $=40$ μA 的一点,然后过 Q 点作切线,以切线为斜边作直角三角形，即可求出待测的输入阻抗的数值，不同的 I_B 对应不同 h_{IE} 的值。

3. 电流增益的测试

共发射极电路电流增益的定义如下：

$$h_{FE} = \frac{\partial I_C}{\partial I_B}\bigg|_{U_{CE}=\text{常数}} \approx \frac{\Delta I_C}{\Delta I_B}\bigg|_{U_{CE}=\text{常数}} \tag{39.4}$$

以 NPN 管为例，正确选择各个旋钮的位置之后，将被测管接入图示仪，逐渐加大"峰值电压"，就可以在屏幕上得到如图 39.5 所示的输出特性曲线簇。

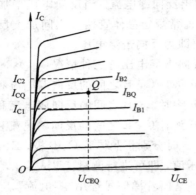

图 39.5 晶体管输出特性曲线

对应于图 39.5 中的工作点 Q，可以求出电流增益为

$$h_{FEQ} = \frac{\Delta I_C}{\Delta I_B}\bigg|_{U_{CEQ}} = \frac{I_{C2} - I_{C1}}{I_{B2} - I_{B1}}\bigg|_{U_{CEQ}} \tag{39.5}$$

为了便于读数，可将 X 轴采用的"伏/格"开关由原来的"集电极电压"改置"基极电流"，就得到 I_C - I_B 曲线，其曲线斜率就是 h_{FE}。所显示曲线称为电流传输特性曲线。

4. 饱和压降的测试

晶体管的饱和压降 U_{CES} 是指在给定的 I_B 和 I_C 的条件下，晶体管工作在饱和状态时集电极和发射极之间的电压降。晶体管的饱和压降曲线如图 39.6 所示。这组特性曲线是在输出特性曲线部分将 U_{CE} 轴放大之后得到的。根据饱和压降的定义，当给定 I_B 和 I_C 的数值后，可以从晶体管的饱和压降曲线上找出相应的饱和压降 U_{CES}。I_B 和 I_C 的取值由测试条件规定，一般在测试中取 $I_C = 10 I_B$ 时的 U_{CE} 值作为 U_{CES}。

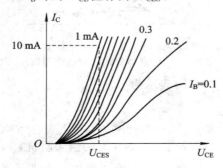

图 39.6 晶体管饱和压降曲线

5. 正常晶体管和失效晶体管输出特性曲线的比较

（1）正常晶体管的输出特性曲线如图 39.5 所示。在起始部分电流上升很快，然后变化比较平坦，即 I_C 受 U_{CE} 变化影响较小，表明输出阻抗很大。线间的间隔比较均匀，表明电流增益基本保持不变。从图形上可计算出电流增益 h_{FE} 比较接近，晶体管的击穿电压较高。

（2）晶体管在生产中出现不正常的原因很多，故输出特性曲线的形状各异，一些不正常的输出特性曲线列举如下：

① 输出特性曲线疏密不均，特别是在 I_B 较小时的几根曲线靠得很近，甚至合并在一起，如图 39.7(a) 所示，这种晶体管在小注入时 β 很小，放大作用差，故对小信号工作时放大不利，容易引起非线性失真。

② 输出特性曲线倾斜而且发散，但零注入线（$I_B＝0$）仍是平的，如图 39.7(b) 所示。这种管子的 h_{FE} 随 U_{CE} 的增大而增加，击穿电压较低，输出阻抗也低，放大信号的线性作用差，失真大，工作不稳定。

③ 特性曲线倾斜，而且零注入线也变成倾斜，如图 39.7(c) 所示。这种晶体管不仅输出阻抗低、线性差，而且反向漏电电流大。

④ 曲线的上升部分缓慢，如图 39.7(d) 所示。这种晶体管饱和压降太大，不能用于开关工作，放大工作范围小。

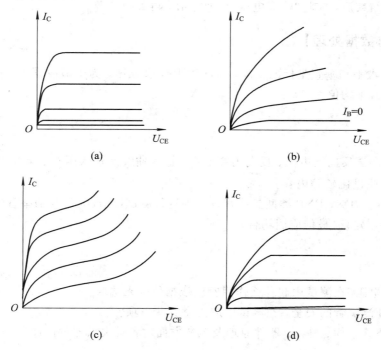

图 39.7　常见异常输出曲线

本实验步骤如下所示：

（1）开启电源，预热 5 分钟，调节仪器"辉度"、"聚焦"、"辅助聚焦"等旋钮使荧光屏上的线条明亮清晰，然后调整图示仪。（具体调整方法见仪器使用说明书）。

（2）根据待测晶体管的类型（NPN 或 PNP）及参数测试条件，调整好光点坐标，将待测晶体管插入相应的位置。

（3）按照参数表 39.1 所示的测试条件测试实验内容 1～4，并记录数据。

表 39.1　双极型晶体管的测试条件举例

待测参数	3DG6（NPN） 测试条件	3AD6（PNP） 测试条件
I_{CBO}	$U_{CB}=10$ V	$U_{CB}=20$ V
I_{EBO}	$U_{BE}=1.5$ V	$U_{BE}=10$ V
I_{CEO}	$U_{CE}=10$ V	$U_{CE}=10$ V
$U_{(BR)EBO}$	$I_B=-100$ μA	$I_B=5$ mA
$U_{(BR)CBO}$	$I_C=100$ μA	$I_C=5$ mA
$U_{(BR)CEO}$	$I_C=200$ μA	$I_C=10$ mA
h_{IE}	$I_B=50$ μA，$U_{CE}=5$ V	$I_B=1$ mA，$U_{CE}=2$ V
h_{FE}	$I_C=3$ mA，$U_{CE}=5$ V	$I_C=0.2$ A，$U_{CE}=2$ V
U_{CES}	$I_C=10I_B$	$I_C=10I_B$

（4）实验结束后，应将"峰值电压"调回零值，再关掉电源。

【实验结果与数据处理】

根据曲线水平和垂直坐标的刻度，从曲线上读取数据。为了减少误差，同一个数据需多读几次，取其平均值。

【注意事项】

（1）全面测试反向漏电流、反向击穿电压、输入曲线及输入阻抗、电流增益 h_{FE}、输出曲线及晶体管质量比较等内容。

（2）分别选 NPN、PNP 类型晶体管各一种进行测试（或放大管与功率管的比较），做出此种管子的应用建议（最佳应用场合）。

【思考题】

1. "功耗电阻"在测试中起什么作用？应依据什么来选取？
2. 为保证测试管的安全，在测试中应注意哪些事项？
3. 从晶体管结构、材料、器件原理及工艺方面对各种失效器件的原因进行分析。

实验四十　半导体压力传感器参数测试

半导体压力传感器是由半导体压力敏感元件构成的传感器,通过把机械量转换成电学量对压力、应变等机械量进行信息处理。

【实验目的】

了解半导体压力传感器的工作原理,掌握压力传感器的参数含义及测试方法,分析影响压力传感器参数的因素。

【实验原理】

1. 压力传感器工作原理

半导体压力传感器是利用半导体材料的压阻效应,采用半导体平面工艺制成的把被测量压力转换成电信号的一种传感器,其用途非常广泛。

压力传感器结构如图 40.1 所示,核心是一硅杯式弹性膜片,膜片上用集成电路工艺制作四个 P 型扩散电阻,将四个电阻联接成惠斯登电桥形式(如图 40.2 所示),电桥的一对对角线端接恒流源或恒压源,另一对对角线为电压输出。加于传感器的外部压力不同,则传感器有不同的输出电压。

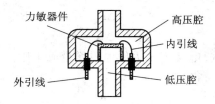

图 40.1　压力传感器结构图

下面以恒流源供电为例,分析输出电压。设恒流源电流为 I_0,当不加外压力时,输出电压(称为零输出电压)为

$$U_0 = \frac{R_1 R_3 - R_2 R_4}{R_1 + R_2 + R_3 + R_4} \times I_0 \qquad (40.1)$$

通常希望零输出电压愈小愈好,为了使 $U_0 = 0$,最佳条件的设计是 $R_1 = R_2 = R_3 = R_4$,这时电桥处于平衡状态,$U_0 = 0$。尽管设计上使四个电阻相等,但实际上总难保证绝对相等,因此零输出电压(又称失调电压)不为零。

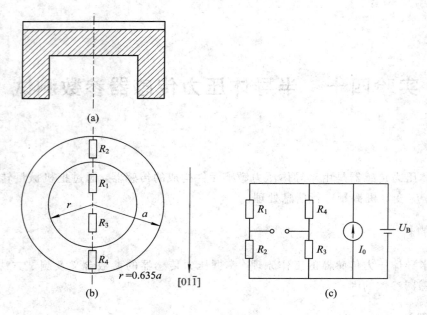

图 40.2　力敏元件分布图

当有一外力作用于硅弹性膜片时,由于半导体的压阻效应,使半导体的电阻率发生变化,四个电阻的几何尺寸也发生变化,从而使每一个电阻阻值发生变化,电桥失去平衡,输出端产生输出电压 U_p,即

$$U_p = \frac{(R_1 + \Delta R_1)(R_3 + \Delta R_3) - (R_2 + \Delta R_2)(R_4 + \Delta R_4)}{(R_1 + \Delta R_1) + (R_2 + \Delta R_2) + (R_3 + \Delta R_3) + (R_4 + \Delta R_4)} \times I_0 \qquad (40.2)$$

式中,ΔR_1,ΔR_2,ΔR_3,ΔR_4 分别为每个电阻的增量。半导体压阻效应是各向异性,通过适当设计可使 R_2,R_3 有一正的增量,R_2,R_4 有一负的增量,此时上式可写为

$$U_p = \frac{(R_1 + \Delta R_1)(R_3 + \Delta R_3) - (R_2 - \Delta R_2)(R_4 - \Delta R_4)}{(R_1 + \Delta R_1) + (R_2 - \Delta R_2) + (R_3 + \Delta R_3) + (R_4 - \Delta R_4)} \times I_0 \qquad (40.3)$$

若设计使 $R_1 = R_2 = R_3 = R_4 = R$;$\Delta R_1 = \Delta R_2 = \Delta R_3 = \Delta R_4$,则上式简化为

$$U_p = \Delta R \times I_0 \qquad (40.4)$$

结果说明:输出电压与恒流源电流 I_0 及力敏电阻增量成正比。

对于恒压源供电,同样可得:

$$U_p = \frac{\Delta R}{R} \times U_B \qquad (40.5)$$

式中,U_B 为恒压源电压。

下面简单介绍一下四个电阻的设计方法。典型的硅杯式压力传感器常用 N 型硅以 (011) 晶面作为弹性膜片,桥臂四个电阻均沿 [011] 晶向布置,扩散力敏电阻的布置方案如图 40.2(a)、(b) 所示,此时在 (011) 晶面上 $[01\bar{1}]$ 晶向的纵向压阻系数为 $\frac{1}{\alpha} \pi_l$,该方向的横向压阻系数为 $\pi[100] = 0$ 根据半导体压阻效应的基本公式:

$$\frac{\Delta R}{R} = \pi_l \times \sigma_l + \pi_t \times \sigma_t \qquad (40.6)$$

其中,π_l 为纵向压阻系数,π_t 为横向压阻系数,σ_l 为纵向应力,σ_t 为横向应力。

所以受力后，每个电阻的相对变化量为

$$\frac{\Delta R}{R} = \pi_l \times \sigma_l = \frac{1}{\alpha}\pi_{44} \times \sigma_t \qquad (40.7)$$

采取这种设计方案，若想实现 $\Delta R/R$ 的正负发生变化，即受力后电阻是增加还是减少，只能靠应力正负来决定。

从周边固定的圆形膜片的应力图（略）可看出 0.635a 处是径向应力的分界点。当电阻（R_1，R_3）位置小于 0.635a 时（正应力区），σ_l 为正，$\Delta R>0$；当电阻（R_2，R_4）位置大于 0.635a 时，σ_l 为负，$\Delta R<0$。这样的设计就实现了电桥输出的要求。明显地提高了电桥的灵敏度。

2. 传感器特性

（1）灵敏度。任何一个传感器都有一个量程范围，它是指在额定供电电压条件（或额定供电电流）下，满足满量程及非线性要求的基础上允许施加的最低负荷和最高负荷（即最大压力）的范围，并要求在超量程 100% 的条件下弹性元件不破坏，去掉负荷仍能正常工作。

传感器灵敏度是指传感器满量程输出值与其相对应的被测量的物理量变化值之比，如压力传感器可用下式表示：

$$S = \frac{U_{max} - U_0}{P_{max} - P_{min}} = \frac{U_{FS}}{P_{max} - P_{min}} \qquad (40.8)$$

式中，P_{max} 为最高压力，P_{min} 为最低压力，U_{max} 为最高压力时的输出，U_0 为最低压力时的输出。显然 U_{FS} 则为满量程输出值。$U_{FS}=U_{max}-U_0$。

（2）非线性 δ_1。传感器的输入物理量和输出物理量之间的关系一般是非线性的，这种非线性误差可用特性曲线（实测量的平均值所画出的曲线）与其拟合直线（用两端点法理论上求得的直线，见图 40.3）之间的最大偏差 Δ_{max} 除以 2 再除以室温下满量程输出 U_{FS} 的百分比来表示，即

$$\delta_1 = \pm\frac{\Delta_{max}}{2 \times U_{FS}} \times 100\% \qquad (40.9)$$

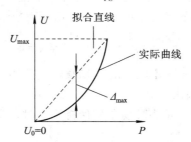

图 40.3　非线性表示法图

（3）迟滞 δ_2。迟滞是表示传感器正行程和逆行程特性曲线不一致的程度，如图 40.4 所示。实际上迟滞反映传感器在受力后储存（或释放）应变能的本领。其几何概念可认为是传感器在正逆行程特性曲线所包络的总面积，迟滞由下式表示：

$$\delta_2 = \frac{\Delta_{2max}}{U_{FS}} \times 100\% = \frac{\Delta_{2max}}{U_{max} - U_0} \times 100\% \qquad (40.10)$$

式中，Δ_{2max} 为正逆行程最大差值。

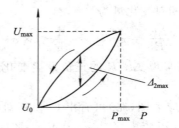

图 40.4 滞特性曲线

(4)重复性 δ_3。重复性表示传感器输入量按同一方向作全量程连续多次变动时所得曲线不一致的程度。重复性属于随机误差的范畴。随机误差是在相同条件下多次测量同一物理量时，在已经消除引起系统误差的因素之后，测量结果仍有误差，这类误差服从一定的统计分布规律，称为随机误差。

重复性指标可按下式计算：

$$\delta_3 = \pm \frac{2\sigma_{n-1}}{U_{FS}} \times 100\% \tag{40.11}$$

式中，σ_{n-1} 为标准偏差，它可用贝塞尔公式计算：

$$\sigma_{n-1} = \sqrt{\frac{\sum\limits_{i=1}^{n}(U_i - \overline{U})^2}{n-1}} \tag{40.12}$$

式中，U_i 为每次测量值，$\overline{U}$ 为测量值的算术平均值，n 为测量次数，一般取 5 次以上。

(5)零位温度漂移系数 ZTC。传感器零点随温度的变化通常称为传感器的零点温度漂移。载荷为零(零压下)，以温度每变化 1℃时满度误差的比率来表示，即

$$ZTC = \frac{U_{OT2} - U_{OT1}}{U_{FS} \times (T_2 - T_1)} \text{ FS}/℃ \tag{40.13}$$

其中，FS 为传感器的满量程。

(6)灵敏度温度漂移系数 STC。传感器灵敏度也随温度变化而变化。在满载条件下以温度每变化 1℃时，引起输出的满度误差的比值。用下面数学公式表示：

$$STC = \frac{(U_{PT2} - U_{OT2}) - (U_{PT1} - U_{OT1})}{U_{FS} \times (T_2 - T_1)} \text{FS}/℃ \tag{40.14}$$

式中 U_{OT2}、U_{PT2} 分别为 T_2 温度下零压输出值和额定负荷输出值。U_{OT1}、U_{PT1} 分别为 T_1 温度下零压输出值和额定负荷输出值。

(7)零点时漂。零点时漂是指当环境条件保持不变时，零点随时间漂移的情况。

3. 传感器参数测试

图 40.5 所示为传感器参数测试原理图。该装置分三大部分，一部分是标准压力发生器，它给传感器提供一个标准压力，一般采用活塞式压力计。其次为压力传感器激励部分，即恒流源或恒压源，采用多路可调恒流电源。另一部分为结果监测部分，检测传感器输出电压，使用数字电压表，测量精度为 0.01 mV（$4\frac{1}{2}$ 位数字电压表）。

活塞式压力计的原理及使用请参见说明书。这里只简单说一下：压力计是应用静压平衡原理的计量仪器，即活塞本身和加在活塞上的专用砝码重量（G）作用在活塞面积（S）上

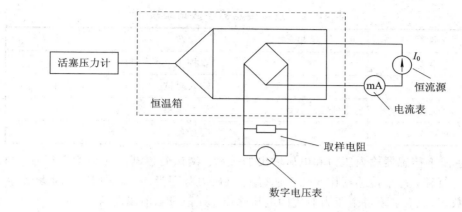

图 40.5　测试传感器参数原理图

所产生的压力(P)与液压容器内所产生的压力相平衡。手摇压力泵产生压力，使承重托盘升起，增加砝码重量使之产生所需的检验压力。

实验所用的压力计承重托盘及活塞产生的压力为 0.04 MPa(兆帕)；

小砝码共有 6 个，每个产生压力为 0.01 MPa；

大砝码共有 10 个，每个产生压力为 0.05 MPa；

1 Pa＝1 牛顿/米^2＝7.5006×10^{-3}毛(mm 汞柱)＝9.87×10^{-6} atm(大气压)；

1 MPa＝9.87 大气压；1 大气压＝101 325 Pa；

1 工程大气压(kg/cm^2)＝735.56 Pa＝0.098 MPa

【实验仪器】

活塞压力计一台(最大压力 0.6 MPa)，数字电压表一台，高温干燥箱一台，温度计一只，压力传感器样品一批。

【实验内容与步骤】

(1) 测量桥流、桥压。按图 40.5 所示接通电路，打开恒流源开关，调整恒流源输出电流，尽量使之能等于该传感器出厂说明书上的参考工作电流，并记录下桥流、桥压、温度、输入阻抗。

(2) 测室温下的零位输出及最大输出。室温下不加压力，记录下传感器的电压输出，此即为零位输出 U_0。再逐渐对活塞压力计施加压力，当压力增加到该传感器说明书上的"量程"时，记录下传感器的电压输出，此时为最大电压输出 U_{max}。代入式(40.8)，计算出灵敏度。

(3) 测量 60℃时压力传感器的零位输出电压、最大输出电压及压力和电压输出关系，并根据式(40.13)和式(40.14)计算零位温度漂移系数 ZTC 和灵敏度温度漂移系数 STC。

【实验结果与数据处理】

(1) 将步骤(1)所测结果记录在表 40.1 中。

表 40.1 被测传感器参数记录表

参数	结果	参数	结果
温度		桥压	
桥流		输入阻抗	
零位输出		最大输出	
量程 U_{FS}		灵敏度 S	

(2) 室温下传感器输入压力和电压输出的关系。测试时逐渐加压力为正行程,再逐渐减压力为逆行程,每个传感器作 5 个正逆行程,(压力范围为 0~0.6 MPa,间隔 0.01 MPa 记录一组数据,)记录下每个压力对应的电压输出,并记录当前温度值。

做完 5 次测量后,根据记录数据计算其算术平均值,理论值(两端点重合,拟合直线法所算得的值),以及两者之差值,再用贝塞尔函数算出标准偏差 σ_{n-1}。

(3) 测某一高温下(约 60℃)传感器压力输入和电压输出的关系,每个传感器做 3 个正逆行程,并记录数据(压力范围与常温测试要求相同)。

(4) 根据所测的结果,计算出非线性 δ_1、迟滞 δ_2,重复性 δ_3,零位温度漂移系数 ZTC 和灵敏度温度漂移系数 STC。

【注意事项】

(1) 传感器所测压力应在额定压力范围之内。

(2) 为了保证压力传感器能正常工作,要确保其工作在合适的温度范围内。

【思考题】

传感器压力输入和电压输出有何关系?

实验四十一　压敏电阻的特性测试

压敏电阻是指电阻值对电压敏感的电阻器，当电压值在一定范围内时其阻值随着电压的改变而改变。压敏电阻是一种限压型保护器件。利用压敏电阻的非线性特性，当过电压出现在压敏电阻的两极间，压敏电阻可以将电压钳位到一个相对固定的电压值，从而实现对后级电路的保护。

【实验目的】

1. 研究压敏电阻的电压特性。
2. 熟悉压敏电阻特性测试仪的使用方法。
3. 加深对压敏电阻工作原理的理解。

【实验原理】

压敏电阻是一类电阻值随加于其上的电压而灵敏变化的电阻器。在压敏电阻中，由于特殊的导电机制，使其 UI 特性不遵守欧姆定律，而是在一定的电压与电流区域内表现出强烈的非线性特性，当外加电压增加到某一临界值之后，流过材料中的电流急剧增大或电阻率急剧减小，如图 41.1 所示。

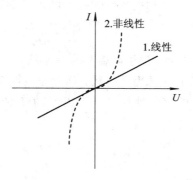

图 41.1　线性电阻与压敏电阻的伏安特性

为了理解 UI 特性可将压敏电阻特性曲线化分为三个区：预击穿区、击穿区、回升区（如图 41.2 所示）。预击穿区是指在外加电压低、尚未产生高非线性效应之前的区域、此时呈高阻态；击穿区是指电压发生很小的变化时电流有极大变化的区域，元件在此区保持相当高的非线性系数 α 值；回升区是指在大电流区中非线性再次下降，以致最终消失的特性区。

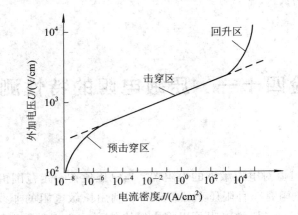

图 41.2 压敏电阻的电压电流特性曲线

压敏电阻具有很大的实用价值，而这些取决于 UI 曲线的形状与稳定性。如果将 UI 特性改用双对数坐标并用 $\lg U$、$\lg I$ 表示，则该曲线在电压超过某一临界值后，在一相当宽的范围内呈一直线，如图 41.3 所示。

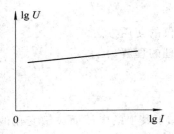

图 41.3 $\lg U - \lg I$ 特性曲线

图 41.3 中的直线可表示为

$$\lg I = \alpha(\lg U - \lg C) \tag{41.1}$$

$$I = \left(\frac{U}{C}\right)^{\alpha} \tag{41.2}$$

式中，I 为流过电阻的电流，U 为加于电阻器上的端电压，C 是量纲为欧姆的材料系数，α 为表示电阻阻值随电压增加而下降的程度指数，称为非线性系数。

非线性系数 α 可定义为在给定的外加电压作用下，UI 特性曲线上某点的静态电阻 R_{s} (U/I)与动态电阻 R_{d} ($\mathrm{d}U/\mathrm{d}I$)之比：

$$\alpha = \frac{R_{s}}{R_{d}} = \frac{\dfrac{U}{I}}{\dfrac{\mathrm{d}U}{\mathrm{d}I}} = \frac{\dfrac{\mathrm{d}I}{I}}{\dfrac{\mathrm{d}U}{U}} \tag{41.3}$$

或

$$\frac{\mathrm{d}I}{I} = \alpha\frac{\mathrm{d}U}{U} \tag{41.4}$$

积分

$$\lg I = \alpha\ln\left(\frac{U}{C}\right) = \alpha(\ln U - \mathrm{In}C) \tag{41.5}$$

当 UI 曲线为直线时，$R_s=R_d$，故 $\alpha=1$；当 $\lg U-\lg I$ 曲线为直线时，$\alpha>1$。根据公式，分别在外加电压 U_1 和 U_2 两点上测量流过电阻器的电流 I_1、I_2：

$$\lg I_1 = \alpha(\lg U_1 - \lg C) \tag{41.6}$$

$$\lg I_2 = A(\lg U_2 - \lg C) \tag{41.7}$$

可得：

$$\alpha = \frac{\lg\left(\dfrac{I_2}{I_1}\right)}{\lg\left(\dfrac{U_2}{U_1}\right)} \tag{41.8}$$

一般取 $I_2=10I_1$，则上式简化为

$$\alpha = \left[\lg\left(\frac{U_2}{U_1}\right)\right]^{-1} \tag{41.9}$$

式中，U_2/U_1 为压敏电阻器的压比，压比越小，α 越大，非线性越好。

为了保证压敏电阻在一定的电压以上为最佳状态，即进入击穿区、吸收过电流，以完成保护功能，一般压敏电阻在元件表面上标出此电压，该电压为压敏电压，规定为元件内流过 1 mA 电流时，加在元件上的电压，表示为 $U_{1\,\text{mA}}$。

压敏电阻器的重要应用是过电压保护。过电压主要来源于大气过电压与操作过电压，这些过电压对元件的损坏非常大。过电压保护的工作特点是：当未发生过电压时被保护设备工作电压对应于压敏电阻的预击穿区；当有大电压通过时，压敏电阻立即进入非线性区，电流变化达几个数量级，从而吸收浪涌电流，降低电压，起保护作用。压敏电阻的漏电流愈小，过电压保护愈好。漏电流是指元件上的电压未达到 $U_{1\,\text{mA}}$ 时，元件工作在预击穿区，呈高阻态时流过的电流。对过电压保护用的压敏电阻器，必须选择适当的压敏电压，该电压值必须大于被保护设备的工作电压值。压敏电压选择可按以下公式：

在直流中：

$$U_{1\,\text{mA}} = \frac{aU_{\text{dc}}}{(1-b)(1-c)} \tag{41.10}$$

在交流中：

$$U_{1\,\text{mA}} = \frac{a\sqrt{2}U_{\text{ac}}}{(1-b)(1-c)} \tag{41.11}$$

式中，a 为电源电压的波动系数，取 $a=1.2$；b 为元件的老化系数，取 $b=0.1$；c 为压敏电阻器 $U_{1\,\text{mA}}$ 的允许公差值，取 $c=0.15$。代入式（41.10）和式（41.11）中可得：在直流中，$U_{1\,\text{mA}}=1.5U_{\text{dc}}$；在交流中，$U_{1\,\text{mA}}=2.2U_{\text{ac}}$。

随着温度的上升，压敏电压将会下降。电压温度系数就是衡量这一特性的参数，在规定的温度范围内，温度每变化 1℃ 时，零功率条件下测得的压敏电压的相对变化率即为温度系数，可表示为

$$\alpha_T = \frac{U_2 - U_1}{U_1(T_2 - T_1)} = \frac{1}{U_1}\frac{\Delta U}{\Delta T} \tag{41.12}$$

式中，U_1、U_2 分别是温度为 T_1、T_2 时的压敏电压。

【实验仪器】

压敏电阻测试仪一台，压敏电阻若干支，电子器件温度特性测试仪一台。

【实验内容与步骤】

（1）压敏电压的测量。将挡位开关拨至 1 挡，并将电压调节旋钮左旋至最小，开启电源。调节电压旋钮，使毫安表显示为 1 mA，记下此时数字电压表读数，即为压敏电压 $U_{1\,mA}$。

（2）非线性系数。将挡位开关拨至 2 挡，并将电压调节旋钮左旋至最小，开启电源。调节电压使毫安表依次到 1 mA 和 10 mA 位置，分别记下此时电压 U_1 和 U_{10}，带入下式得

$$\alpha = \left[\lg\left(\frac{U_2}{U_1}\right) \right]^{-1} \tag{41.13}$$

（3）漏电流。将挡位开关拨至 3 挡，并将电压调节旋钮左旋至最小，开启电源。调节电压使 $U = \frac{2}{3}U_{1\,mA}$，记下此时的电流大小。

（4）电压温度系数。将挡位开关拨至 4 挡，将电压调节旋钮左旋至最小，开启电源。在室温下测量压敏电压 U_1；再将压敏电阻用导线连好，同温度计一同放入试管内，将试管放入有热水的烧杯中，等到温度稳定在 T_2 后开始测压敏电压 U_2，记下数据代入下式得

$$\alpha_T = \frac{U_2 - U_1}{U_1(T_2 - T_1)} \tag{41.14}$$

（5）根据压敏电阻的工作原理设计连接一个过压保护电路，当电压超过设定值时产生声音或光报警。

【实验结果与数据处理】

（1）对各个参数进行多次测量，求取平均值。
（2）绘制压敏电阻的伏安特性曲线。

【注意事项】

（1）考虑到压敏电阻实际的压敏电压与标称电压之间的偏差（应考虑为标称电压的 1.1～1.2 倍）、交流电路中电源电压可能的波动范围（应考虑为额定电压的 1.4～1.5 倍）、交流电压峰值和有效值之间的关系（应考虑 1.4 倍），所以，应选用压敏电压为额定电压 2.2～2.5 倍的压敏电阻。在直流电路中，常选用压敏电压为直流电压额定值 1.8～2 倍的压敏电阻。

（2）压敏电阻的瞬时功率比较大，但平均持续功率却很小，故不能长时间工作于导通状态。

【思考题】

影响压敏电阻压敏特性的因素有哪些？该器件有哪些应用？

实验四十二　半导体气体传感器性能测试

半导体传感器是利用半导体材料的各种物理、化学和生物学特性制成的传感器。所采用的半导体材料多数是硅以及Ⅲ-Ⅴ族和Ⅱ-Ⅵ族元素化合物。半导体传感器种类繁多，它利用近百种物理效应和材料的特性，具有类似于人眼、耳、鼻、舌、皮肤等多种感觉功能。其优点是灵敏度高，响应速度快，体积小，重量轻，便于集成化，智能化，能使检测转换一体化。半导体传感器主要应用在工业自动化、遥测、工业机器人、家用电器、环境污染监测、医疗保健、医药工程和生物工程等领域。半导体传感器按输入信息分为物理敏感、化学敏感和生物敏感半导体传感器三类。

【实验目的】

1. 了解烧结型 SnO_2 气敏器件检测气体的工作原理。
2. 掌握烧结型 SnO_2 气敏器件的灵敏度随工作电压和气氛浓度的变化规律的测试方法。

【实验原理】

1. 烧结型 SnO_2 气敏器件检测气体机理

烧结型 SnO_2 气敏器件是表面电阻控制型气敏器件，制备器件的气敏材料是多孔质 SnO_2 烧结体。在晶体组成上，锡或氧会出现偏离化学计量比的现象。在晶体中如果氧不足，将产生氧空位，在禁带中靠近导带的地方形成施主能级。这些施主能级上的电子很容易激发到导带而参与导电。烧结型 SnO_2 气敏器件的气敏部分，就是这种 N 型 SnO_2 材料晶粒形成的多孔质烧结体，其结构模型可用图 42.1 表示。

根据晶粒接触界面势垒模型和吸收效应模型的结论，这种结构的半导体，其晶粒接触面存在电子势垒，其接触部（或颈部）电阻对器件电阻起支配作用。显然，这一电阻主要取决于势垒高度和接触部形状，亦即主要受表面状态和晶粒直径大小等的影响。

氧吸附在半导体表面时，吸附的氧分子从半导体表面获得电子，形成受主形表面能级，从而使表面带负电：

$$\frac{1}{2}O_2(gas) + ne \rightarrow O^{n-} \tag{42.1}$$

式中，$O^{n-}(ab)$ 表示吸附氧，e 表示电子电荷，n 为某个整数。

由于氧吸附力很强，因此，SnO_2 气敏器件在空气中放置时，其表面上总是会吸附氧的，其吸附状态可以是 O^{-2}、O^-、O^{n-}，均是负电荷吸附状态，这对 N 型半导体来说，形成

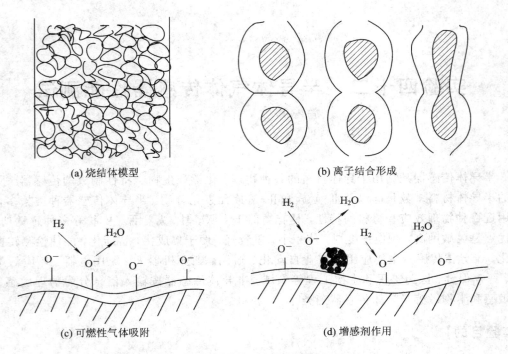

(a) 烧结体模型   (b) 离子结合形成

(c) 可燃性气体吸附   (d) 增感剂作用

图 42.1　烧结体对气体的敏感机理

电子势垒，使器件阻值升高。

当 SnO_2 气敏器件接解还原性气体如 H_2、CO、C_2H_6OH 等时，作为纯气相反应有

$$O^n(ab) + C_2H_5OH = CH_3CHO + H_2O + ne \tag{42.2}$$

释放出电子，这些电子注入表面层，使表面载流子浓度增大，此时势垒高度下降，表面电导率增大，器件阻值降低，且这种变化受还原性气体浓度的支配。

2. 测试电路及特性参数灵敏度

测试电路如图 42.2 所示，气敏传感器的灵敏度为

$$\beta v = \frac{U_v}{U_0} \tag{42.3}$$

其中，U_v 为一定气体浓度下负载电阻两端的电压值，U_0 为正常空气条件下负载电阻两端的电压值。

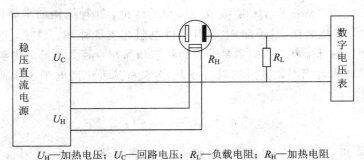

U_H—加热电压；U_C—回路电压；R_L—负载电阻；R_H—加热电阻

图 42.2　测试回路

3. 气氛浓度的配制

（1）用气体原料配制气氛，公式为

$$v = M \cdot V \qquad (42.4)$$

式中，v 为所需气体原料的体积（此气体为 1 atm 压强），V 为测试气氛的盛装容器体积，M 为测试的气氛的浓度。

（2）用液体原料配制气氛，公式为

$$v = A \cdot M \qquad (42.5)$$

其中

$$A = \frac{摩尔质量 \times 容器体积}{摩尔体积 \times 比重 \times 原料纯度}$$

式中，v 为所需液体原料的体积，M 为测试气氛的浓度。

【实验仪器】

气敏元件参数测试仪一台，半导体气敏探头若干。

【实验内容与步骤】

（1）测试灵敏度随工作电压的变化规律，找出最佳工作温度点。

① 按测试线路（见图 42.2）连接实物。

② 打开稳压直流电源开关，调节回路电压 U_C 为 10 V，加热电压 U_H 为 5.0 V，预热 2～5 分钟。

③ 按式(42.4)或式(42.5)配制 50 ppm、100 ppm、200 ppm、300 ppm、400 ppm、500 ppm、600 ppm、700 ppm、800 ppm 等浓度的气氛。

④ 调节加热电压 U_H 为 4.50 V，稍等片刻，待测定负载电阻两端电压 U_v 的数字电压表读数稳定后记下空气中的值 U_0，继续调节 U_H 为 4.0 V、3.5 V、3.0 V、2.5 V，记下对应的 U_0 值。

⑤ U_H 调节到 4.50 V，把待测元件放入一定浓度的被测气氛中，约过 5 分钟，待数字电压表读数变化趋于稳定，记录下此时的 U_0 值，继续调节 U_H 为 4.0 V、3.5 V、3.0 V、2.5 V，记录下对应的值。

⑥ 按操作步骤①至⑤，分别测试 200 ppm 的酒精、乙炔、甲烷等气氛，并填写表42.1。

（2）测试灵敏度随气氛浓度的变化规律。

① 同内容(1)中的步骤①至③。

② 调节加热电压 U_H 为最佳工作电压值（一般取酒精气氛中的最佳工作电压），把待测元件分别放入不同浓度的酒精气氛中，记录对应的读数 U_C 值。

③ 分别测试乙炔、甲烷、一氧化碳、氢气各种浓度下的对应值 U_v。

【实验结果与数据处理】

按内容(1)操作步骤的①至⑤，分别测试 200 ppm 的酒精、乙炔、甲烷等气氛，并填写表格 42.1。

表 42.1

条件：200 ppm 气氛：_____ 元件编号：_____

温度：_____ 相对湿度：_____

气氛 \ U_v/β_v \ $U_H(V)$		2.5	3.0	3.5	4.0	4.5
空气	U_0					
C_2H_5OH	U_v					
	β_v					
C_2H_6	U_v					
	β_v					
CH_4	U_v					
	β_v					

根据表 42.1，画出元件在各种气氛下灵敏度随加热电压的变化规律，并找出最佳工作点。

将内容 2 的③的 U_v 数值填写表格 42.2，并进行数据处理及绘画曲线。

表 42.2

条件：U：_____ 元件编号：_____

温度：_____ 相对湿度：_____

浓度/ppm \ 气氛	U_v/β_v	C_2H_3OH	C_2H_6	CH_4
	U_H			
	U_0			
50	U_v			
	β_v			
100	U_v			
	β_v			
200	U_v			
	β_v			
300	U_v			
	β_v			
400	U_v			
	β_v			
500	U_v			
	β_v			

气氛 浓度/ppm	U_v/β_v	C_2H_3OH	C_2H_6	CH_4
	U_H			
	U_0			
600	U_v			
	β_v			
700	U_v			
	β_v			
800	U_v			
	β_v			
900	U_v			
	β_v			
1000	U_v			
	β_v			

根据表 42.2，作出在最佳工作状态下，在各种气氛中，灵敏度 β_v 随气氛浓度的变化规律，由此讨论该元件的选择性。

【注意事项】

（1）达到初始稳定状态以后的敏感元件才能用于气体检测。

（2）避免传感器裸露在高浓度的腐蚀性气体中，因为这会引起加热材料及传感器引线的腐蚀或损坏，并引起敏感材料机能产生不可逆的转变。

（3）避免施加过高工作电压 U_H，假如给敏感元件或加热器施加的电压高于规定值，即使传感器不遭到物理破坏或损坏也会形成引线或传感器损伤，并引起传感器敏感特征降低。

【思考题】

1. 影响气敏特性的因素有哪些？

2. 如何获得较为理想的气敏选择性？

实验四十三　晶闸管特性测试

晶闸管是硅晶体闸流管的简称，俗称可控硅(SCR)，其正式名称应是反向阻断三端晶闸管。除此之外，在普通晶闸管的基础上还派生出许多新型器件，它们是工作频率较高的快速晶闸管(Fast Switching Thyristor，FST)、反向导通的逆导晶闸管(Reverse Conducting Thyristor，RCT)、两个方向都具有开关特性的双向晶闸管(TRIAC)、门极可以自行关断的门极可关断晶闸管(Gate Turn off Thyristor，GTO)、门极辅助关断晶闸管(Gate Assisted Turn off Thytistor，GATO)及用光信号触发导通的光控晶闸管(Light Controlled Thyristor，LTT)等。

【实验目的】

1. 理解晶闸管的工作原理，明确标志晶闸管特性的诸参数的物理意义。
2. 学会测量晶闸管的一些参数。
3. 熟悉晶闸管的简单应用。

【实验原理】

1. 晶闸管的结构

晶闸管是由硅半导体材料制作的 $P_1N_1P_2N_2$ 四层结构的半导体器件。它具有三个 PN 结 J_1、J_2、及 J_3，由管芯引出三个电极：P_1 引出阳极 A，P_2 引出控制栅极 G、N_2 引出阴极 K。其结构和符号如图 43.1 所示。

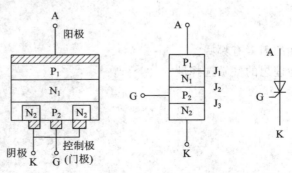

图 43.1　晶闸管的结构和符号

2. 晶闸管的工作原理

先讨论阳极 A 电位高于阴极 K 电位、栅极 G 悬空的情况：这时，J_1 和 J_3 正偏，而 J_2 反偏。在 A、K 之间加上不太大的正向电压时，通过晶闸管的正向电流是很小的，其电流值基本上就是 J_2 的反向饱和电流。这时，晶闸管处于正向阻断状态。但当外加正向电压达到某一数值 U_{BO}（称为转折电压）时，正向电流开始急剧上升。如图 43.2 曲线中 A 点到 B 点的情况。这种情况称为器件的硬开通或误导通，会对器件造成损坏，使用时应注意避免。

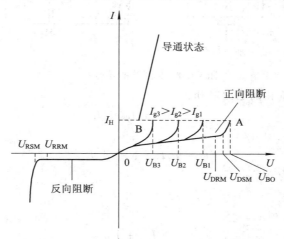

图 43.2　晶闸管的伏安特性

其次，讨论阳极 A 电位低于阴极 K 电位的反向情况：这时，J_1、J_3 均处于反向偏置状态，J_2 则处于正向偏置状态，此时，只有很小的电流流过晶闸管，它与普通硅二极管的反向特性相似。

最后，讨论阳极 A 电位高于阴极 K 电位、并从栅极 G 引入电流（栅极电位应高于阴极电位）的情况：引入 I_g 后，可使晶闸管导通所需的 U_{BO} 电压值降低。I_g 越大，U_{BO} 就越小，直到管子自然导通。导通后管子的特性与二极管的正向特性一致。

晶闸管导通之后，即使去掉 I_g，它也能处于导通状态，这时栅极就对晶闸管失去了控制作用。要使晶闸管恢复阻断状态，需要使管子的电流低于维持电流 I_H。即栅极只能控制管子的导通，却不能控制管子的关断。

栅极电流 I_g 对晶闸管的导通控制可作如下解释：将晶闸管中间的 N_1 层和 P_2 层分成两部分，这样一个晶闸管就可等效的看做是两个晶体管（$P_1 N_1 P_2$ 和 $N_1 P_2 N_2$）相连接而成的。从其等效电路来看，两个晶体管的集电极电流同时互为另一个的基极电流。由两个晶体管互相复合而成的电路，当加有正向阳极电压时，一旦有足够的 I_g 流入，就会形成强烈的正反馈，即 I_g 作为 $N_1 P_2 N_2$ 的基极电流流入，经 $N_1 P_2 N_2$ 放大后成为其集电极电流，此电流又可作为 $P_1 N_1 P_2$ 的基极电流，经 $P_1 N_1 P_2$ 放大后又成为 $P_1 N_1 P_2$ 的集电极电流，这个正反馈过程不断循环，最终两个三极管很快进入饱和导通状态，即达到晶闸管导通。

设 $P_1 N_1 P_2$、$N_1 P_2 N_2$ 两管的集电极电流分别为 I_{C1}、I_{C2}，相应的发射极电流为 I_a、I_k；两管共基极接法的电流放大系数为：$\alpha_1 = \dfrac{I_{C1}}{I_a}$，$\alpha_2 = \dfrac{I_{C2}}{I_k}$，流过 J_2 结的反向漏电流 I_{CO}，两管漏电流分别为 I_{CBO1}、I_{CBO2}，于是有 $I_{CO} = I_{CBO1} + I_{CBO2}$，由等效电路可以看出，晶闸管的阳极电

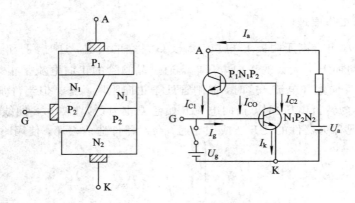

图 43.3　晶闸管的导通原理

流等于两管集电极电流和漏电流之和：

$$I_{\mathrm{a}} = I_{\mathrm{C1}} + I_{\mathrm{C2}} + I_{\mathrm{CO}}$$

即

$$I_{\mathrm{a}} = \alpha_1 I_{\mathrm{a}} + \alpha_2 I_{\mathrm{k}} + I_{\mathrm{CO}} \tag{43.1}$$

而晶闸管的阴极电流为

$$I_{\mathrm{k}} = I_{\mathrm{g}} + I_{\mathrm{a}} \tag{43.2}$$

由以上两式可得出：

$$I_{\mathrm{a}} = \frac{I_{\mathrm{CO}} + I_{\mathrm{g}}\alpha_2}{1 - (\alpha_1 + \alpha_2)} \tag{43.3}$$

由晶体管原理可知，晶体管的电流放大系数是随发射极电流大小而变的，如图 43.4 所示。只要晶闸管设计合理，使 α_1、α_2 满足一定条件就可以得到很大的阳极电流，使晶闸管进入导通状态，这时通过晶闸管的电流将由所加电压及回路电阻来决定。

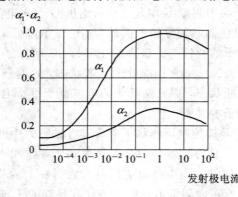

图 43.4　晶体管的发射极电流与电流增益的关系

3. 晶闸管的主要参数及其意义

（1）额定电流：在规定的环境温度，标准散热条件及元件完全导通时，可连续通过晶闸管的工频正弦半波电流平均值。

（2）额定电压：晶闸管额定结温时，管子正（反）向漏电流开始急剧增大，伏安特性曲线急剧转弯处，对应的阳极电压为正向阻断（反向）不重复峰值电压 U_{DSM}、U_{RSM}。管子承受的电压超过此值就会损坏。U_{DSM}、U_{RSM} 的 90% 处为正向阻断(反向)重复峰值电压 U_{DRM}、U_{RRM}。通常取正向阻断重复峰值电压和反向重复峰值电压中较小的数值作为晶闸管的额定电压。各参数如图 43.2 所示。

(3)通态平均电压:在规定环境温度和标准散热条件下,管子流过规定正弦半波电流时,阳、阴极之间的平均电压称通态平均电压简称管压降。

(4)控制极触发电压和电流:室温时,当阳极与阴极间加 6 V 正向电压时,使元件导通所需要的最小控制极电压和最小控制极电流。

(5)维持电流 I_H(毫安):在标准室温且控制极开路时,管子从较大通态电流降至刚能保持导通的最小阳极电流即为维持电流。

【实验仪器】

示波器,电压表,可调变压器。

【实验内容与步骤】

1. 伏安特性的测试

如图 43.5 所示连接测试电路。调压变压器与整流管 VZ_1、VZ_2、限流电阻 R_1 组成可变的正弦半波电源。VZ_1、VZ_2 与 VZ_3 保证在负半周时,施加于被测元件的电压接近于 0,R_2、R_3 为分压电阻。从 R_3 取出电压信号至示波器的 x 轴放大器的输入端。从 R_4 取样电阻上取出电流信号至示波器 y 轴放大器的输入端。VZ_4、C 与 ⓥ 组成峰值电压表。在开关断开和接通时,分别调节电源,观察示波器的波形,分析晶闸管的导通与关断,并读取管子的额定电压。

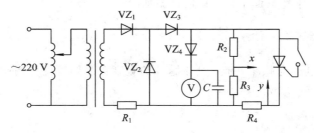

图 43.5　伏安特性测试连接电路图

2. 控制极触发特性的测试

如图 43.6 连接电路图。在被测晶闸管的阳极和阴极间加 6 V 正向电压,调节电位器,使晶闸管导通,测试此时的触发电压和电流。

3. 维持电流的测试

如图 43.7 所示。当按下按钮 AN 时,控制极与阳极短接,被测晶闸管导通。调节电位器,使阳极电流逐渐减小,直至晶闸管截止时的电流即为维持电流。

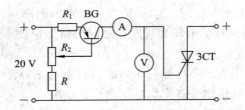

图 43.6　控制极触发特性测试连接电路图

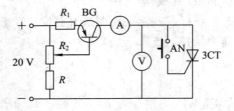

图 43.7　维持电流测试连接电路图

【实验结果与数据处理】

（1）绘制晶闸管伏安特性曲线。

（2）记录控制极触发特性测试中的触发电压和电流。

（3）进行多次维持电流的测试，对维持电流求取平均值。

【注意事项】

（1）为保证功率器件在实验过程中不被击穿，应使管子的功率损耗（即功率器件的管压降与器件流过的电流乘积）小于 8 W。

（2）仪器应放于平稳桌面上，严禁敲打振动。

【思考题】

若控制极触发电流为脉冲电流，则该脉冲的宽度对晶闸管的导通有何影响？

附录一　数　据　处　理

一、实验数据的误差分析

物理实验离不开对物理量的测量，测量过程总是在一定的环境和仪器条件下进行，由于实验条件、仪器及环境等因素的限制，测量结果与待测量客观存在的真值之间总存在着一定的差异，也就是说误差总是存在的。误差概念的引入就是为了描述这种测量过程中客观存在的差异。

1.1　误差的来源及分类

根据产生原因或者性质，误差可以分为系统误差、随机误差和过失误差三类。

1. 系统误差

系统误差又叫做规律误差，是由测定过程中某些固定的原因引起的一类误差，它具有重复性、单向性、可测性。即在相同的条件下，重复测定时会重复出现，使测定结果系统偏高或系统偏低，其数值大小也有一定的规律。当实验条件确定后，系统误差就是一个恒定值，它不能通过多次实验被发现，也不能通过取多次实验值的平均值而减小。

系统误差的引入是多方面的，由于仪器本身的缺陷或没有按规定条件使用仪器造成的仪器误差；由于测量所依据的理论公式本身的近似性或实验条件不能达到理论公式所规定的要求或是实验方法本身不完善所带来的方法误差；由于观测者个人感官和运动器官的反应或习惯不同而造成的操作误差；由于试剂不纯所引起的试剂误差等。

2. 随机误差

随机误差又叫做偶然误差，是由测定过程中有关因素出现随机的微小的波动引起的误差，它没有特定的变化规律，而且无法预测。但随机误差服从统计规律，对同一物理量作多次测量，正负随机误差可以大致相消，因而用多次测量的算术平均值表示测量结果可以减小随机误差的影响。

3. 过失误差

由于操作错误或人为失误所产生的误差，这类误差往往表现为与正常值相差很大，在数据整理时应予以剔除。

1.2 误差的表示

1. 绝对误差

绝对误差就是测量值与客观真值的差，可由下式表示：

$$\Delta x = x - X$$

式中，Δx 表示绝对误差，x 表示测量值，X 表示客观真值。

在实际的测量中常以最佳值代替客观真值。

2. 相对误差

仅仅根据绝对误差的大小还很难评价一个测量结果的可靠程度，还需要看测定值本身的大小。例如，测量重量为 10 千克的物体绝对误差为 5 克，测量重量为 100 千克的物体绝对误差也为 5 克。两次测量的绝对误差相同，但是哪次测量更为准确呢？答案是显而易见的。

为此引入相对误差。相对误差是绝对误差与真值之比，在近似情况下，也可以用绝对误差与测量值作比，常用百分数来表示：

$$E = \frac{\Delta x}{X} \times 100\% \approx \frac{|\Delta x|}{x} \times 100\%$$

3. 引用误差

引用误差为仪表量程内最大表示误差与满量程示值之比的百分数：

$$引用误差 = \frac{最大示值误差}{满量程示值} \times 100\%$$

二、有效数字及其运算规律

2.1 有效数字

由于物理量的测量都存在误差，因此表示测量值的数值位数不能随意取位，应是包括最后一位估计的不确定的数字。我们把通过直读获得的数字叫做可靠数字，把通过估读得到的数字叫做存疑数字，这样由可靠数字带上一位存疑数字就构成了有效数字。例如用刻度尺测得某样品的长度是 9.82 cm，共有 3 位有效数字，其中 9.8 cm 是直接从刻度尺上读的，它们都是准确的，但最后一位数字"是估读出来的"是存疑的。

但是，有些人为指定的标准值，末尾的 0 可以根据需要增减，例如，^{12}C 原子的相对原子质量为 12，它的有效数字可以视计算需要设定。

2.2 有效数字的运算

实验结果常常需要通过运算得到，其有效数字位数的确定可以通过有效数字运算来确定。

1. 加减运算

在加减运算中，加减结果的位数应与其中小数点后位数最少的相同。例如计算 0.256 ＋2.56＋25.6，有两种计算方法：

$$
\begin{array}{r}
0.256 \\
2.56 \\
+)\quad 25.6 \\
\hline
28.416
\end{array}
$$

最后结果应为 28.4，这种方法是"先计算，后对齐"。

$$
\begin{array}{r}
0.2 \\
2.6 \\
+)\quad 25.6 \\
\hline
28.4
\end{array}
$$

最后结果也为 28.4，这种方法是"先对齐，后计算"。

但是明显第一种方法比第二种方法更简单和方便，同时也可减少精度的损失。

2. 乘除运算

在乘除运算中，乘积和商的有效数字位数应以各乘除数中有效数字位数最少的为准。例如计算 0.25×2.56 的有效数，计算过程如下：

$$
\begin{array}{r}
0.25 \\
\times)\quad 2.56 \\
\hline
150 \\
125 \\
50 \\
\hline
0.6400
\end{array}
$$

最后结果为 0.64，因为 0.25 的有效数字位数最少，最后结果的有效数字位数与其相同。

3. 乘方、开方运算

乘方、开方后结果的有效数字位数应与其底数的相同。例如：$1.32^2 = 1.74$，$\sqrt{2.78} = 1.67$。

4. 对数、三角函数和 n 次方运算

对数、三角函数和 n 次方运算的计算结果必须按照误差传递公式来决定有效数字位数，不可以用前面所用到的简算方法。

2.3 数字的截尾运算

在数据处理过程中，经常要截去多余的尾数，一般截尾时以"尾数大于 5 进，小于 5

舍，等于 5 时取偶"来定。

三、数据的精准度

误差的大小可以反映实验结果的好坏，而误差的引入可能是系统误差或者随机误差，亦可能是两者的共同作用。为此，我们引出三个表示误差性质的概念：精密度、正确度和准确度。

3.1 精密度

精密度反映了随机误差大小的程度，是指在一定的实验条件下，多次实验值的彼此符合程度。精密度与多次实验中实验值的变动性有关，若实验数据分散程度较小，则表明精密度较高。例如，对同一物理量进行多次测量，两个人的测量结果如下：

$$1.26, 1.25, 1.25, 1.26$$
$$1.25, 1.23, 1.27, 1.24$$

第一组数据的分散程度明显小于第二组的，因此第一组数据的精密度较高。

3.2 正确度

正确度反映了系统误差大小的程度，是指在一定的实验条件下，所有系统误差的综合。

3.3 准确度

准确度反映了随机误差与系统误差综合大小的程度。类比为打靶，随机误差与系统误差的关系如附图 1.1 所示。

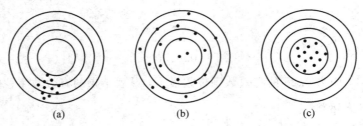

附图 1.1　随机误差与系统误差的关系

图中的黑点表示子弹的着弹点，附图 1(a)着弹点密集但离靶心远，说明随机误差小，而系统误差大，即精密度高，正确度低；附图 1(b)随机误差大，而系统误差小，即精密度低，正确度高；附图 1(c)随机误差小，系统误差也小，即精密度和正确度都高。

四、实验数据的处理方法

实验会产生大量的数据，我们要对数据进行计算和分析，从而找出其内在的规律，给出正确的结果，因此对实验数据的处理是至关重要的。

4.1　列表法

对一个物理量进行多次测量，或者测量几个量之间的关系，经常会用到列表法。列表法是将实验数据按自变量与因变量的对应关系而列成数据表格的方法，列表法有许多优点，比如制表容易、数据表达清晰以及易于反映出物理量之间的对应关系等。

虽然列表法没有统一的格式，但是为了充分发挥该方法的优点，应需要注意以下几点：

(1) 表格应该简明合理、层次清晰，便于阅读和使用。

(2) 各栏目均应标出名称和单位。

(3) 注意有效数字，记录的数字应与实验的精度相匹配。

(4) 反映测量值函数关系的数据表格，自变量应按一定的大小顺序排列。

另外，需要绘制实验数据记录表和实验结果表示表两种表格。实验数据记录表是实验记录和实验数据初步整理的表格，实验结果表示表记录的是实验过程中得出的结论。

4.2　图解法

图解法就是将实验数据之间的关系用图示的方法表现出来，并且通过它找出两个物理量之间的数学关系式，它的优点在于形象直观，便于比较，容易看出数据中的极值点、转折点、周期性等特性。

用图解法处理数据，首先要画出合乎规范的图线，因此要注意以下几点。

(1) 作图纸的选择。作图纸有直角坐标纸（即毫米方格纸）、对数坐标纸和极坐标纸等几种，根据作图需要进行选择。在物理实验中常用的是直角坐标纸，由于图线中直线最易画，而且直线方程的斜率和截距这两个重要的参数也较容易算得，所以对于两个变量之间的函数关系是非线性的情况，如果它们之间的函数关系是已知的或者准备用某种关系式去拟合曲线，尽可能通过变换将非线性的函数曲线转变为线性函数的直线。

(2) 坐标比例尺的确定。作图时通常以自变量为横坐标，以因变量为纵坐标，同时标明横轴与纵轴所代表的物理量及单位。坐标比例尺是指每条坐标轴所能代表的物理量的大小，即坐标轴的分度，如果比例尺选择不当，就会导致图形失真，得出错误的结论。坐标比例尺的选取，原则上要做到数据中的可靠数字在图上应是可靠的，既要不会因比例常数过大而损失实验数据的准确度，又不会因比例常数过小而造成图中数据点分布异常的假象。对于直线，其倾斜度最好在 $40°\sim60°$ 之间，以免图线偏于一方。坐标比例的选取应以便于读数为原则，常用 $1:1$，$1:2$，$1:5$，$1:10$ 等，切勿采用复杂的比例关系，这样不但绘图不便、易出差错而且读数也困难。横纵坐标的比例可以不同，且标度也不一定从零开始，可以用小于实验数据最小值的某一数作为坐标轴的起始点，用大于实验数据最大值的某一点作为终点，每隔一定间距应均匀标出分度值。

(3) 数据点的标出。实验数据点用实验数在作图纸中标出，若同一图纸上有几条实验曲线，各条曲线的数据点可用不同的符号标出，用以区别。

(4) 曲线的绘制。由实验数据点描绘出平滑的实验曲线，要尽可能使得所描绘的曲线通过较多的点。对于严重偏离曲线的个别点，应检查标点是否错误，若没有错误，在连线时可予以舍去。其他不在曲线上的点，应均匀分布在曲线的两旁。

4.3 逐差法

所谓逐差法，就是把测量数据中的因变量进行逐项相减或按顺序分为两组进行对应项相减，然后将所得差值作为因变量的多次测量值进行数据处理的方法。

逐差法是针对自变量等量变化，因变量也做等量变化时，所测得有序数据等间隔相减后取其逐差平均值得到的结果。其优点是充分利用了测量数据，具有对数据取平均的效果，可及时发现差错或数据的分布规律，及时纠正或及时总结数据规律。它也是物理实验中处理数据常用的一种方法。

下面以物理实验"求匀变速直线运动物体的加速度"中分析纸带为例来说明逐差法。运用公式：

$$\Delta X = at^2$$
$$X_2 - X_1 = X_4 - X_3 = X_m - X_{m-1}$$

当时间间隔 T 相等时，假设测得 X_1，X_2，X_3，X_4 四段距离，那么加速度即可表示出来：

$$a = \frac{(X_4 - X_2) + (X_3 - X_1)}{(2T)^2}$$

附录二 常用基本物理常数表

物理常数	符号	最佳实验值	供计算用值
真空中光速	c	$299792458 \pm 1.2 \mathrm{m \cdot s^{-1}}$	$3.00 \times 10^8 \mathrm{m \cdot s^{-1}}$
引力常数	G_0	$(6.6720 \pm 0.0041) \times 10^{-11} \mathrm{m^3 \cdot s^{-2}}$	$6.67 \times 10^{-11} \mathrm{m^3 \cdot s^{-2}}$
阿伏加德罗 (Avogadro)常数	N_0	$(6.022045 \pm 0.000031) \times 10^{23} \mathrm{mol^{-1}}$	$6.02 \times 10^{23} \mathrm{mol^{-1}}$
普适气体常数	R	$(8.31441 \pm 0.00026) \mathrm{J \cdot mol^{-1} \cdot K^{-1}}$	$8.31 \mathrm{J \cdot mol^{-1} \cdot K^{-1}}$
玻尔兹曼 (Boltzmann)常数	k	$(1.380662 \pm 0.000041) \times 10^{-23} \mathrm{J \cdot K^{-1}}$	$1.38 \times 10^{-23} \mathrm{J \cdot K^{-1}}$
理想气体摩尔体积	V_m	$(22.41383 \pm 0.00070) \times 10^{-3}$	$22.4 \times 10^{-3} \mathrm{m^3 \cdot mol^{-1}}$
基本电荷(元电荷)	e	$(1.6021892 \pm 0.0000046) \times 10^{-19} \mathrm{C}$	$1.602 \times 10^{-19} \mathrm{C}$
原子质量单位	u	$(1.6605655 \pm 0.0000086) \times 10^{-27} \mathrm{kg}$	$1.66 \times 10^{-27} \mathrm{kg}$
电子静止质量	m_e	$(9.109534 \pm 0.000047) \times 10^{-31} \mathrm{kg}$	$9.11 \times 10^{-31} \mathrm{kg}$
电子荷质比	e/m_e	$(1.7588047 \pm 0.0000049) \times 10^{-11} \mathrm{C \cdot kg^{-2}}$	$1.76 \times 10^{-11} \mathrm{C \cdot kg^{-2}}$
质子静止质量	m_p	$(1.6726485 \pm 0.0000086) \times 10^{-27} \mathrm{kg}$	$1.673 \times 10^{-27} \mathrm{kg}$
中子静止质量	m_n	$(1.6749543 \pm 0.0000086) \times 10^{-27} \mathrm{kg}$	$1.675 \times 10^{-27} \mathrm{kg}$
法拉第常数	F	$(9.648456 \pm 0.000027) \mathrm{C \cdot mol^{-1}}$	$96500 \mathrm{C \cdot mol^{-1}}$
真空电容率	ε_0	$(8.854187818 \pm 0.000000071) \times 10^{-12} \mathrm{F \cdot m^{-2}}$	$8.85 \times 10^{-12} \mathrm{F \cdot m^{-2}}$
真空磁导率	μ_0	$12.5663706144 \pm 10^{-7} \mathrm{H \cdot m^{-1}}$	$4\pi \mathrm{H \cdot m^{-1}}$
电子磁矩	μ_e	$(9.284832 \pm 0.000036) \times 10^{-24} \mathrm{J \cdot T^{-1}}$	$9.28 \times 10^{-24} \mathrm{J \cdot T^{-1}}$
质子磁矩	μ_p	$(1.4106171 \pm 0.0000055) \times 10^{-23} \mathrm{J \cdot T^{-1}}$	$1.41 \times 10^{-23} \mathrm{J \cdot T^{-1}}$
玻尔(Bohr)半径	α_0	$(5.2917706 \pm 0.0000044) \times 10^{-11} \mathrm{m}$	$5.29 \times 10^{-11} \mathrm{m}$
玻尔(Bohr)磁子	μ_B	$(9.274078 \pm 0.000036) \times 10^{-24} \mathrm{J \cdot T^{-1}}$	$9.27 \times 10^{-24} \mathrm{J \cdot T^{-1}}$
核磁子	μ_N	$(5.059824 \pm 0.000020) \times 10^{-27} \mathrm{J \cdot T^{-1}}$	$5.05 \times 10^{-27} \mathrm{J \cdot T^{-1}}$
普朗克 (Planck)常数	h	$(6.626176 \pm 0.000036) \times 10^{-34} \mathrm{J \cdot s}$	$6.63 \times 10^{-34} \mathrm{J \cdot s}$
精细结构常数	a	$7.2973506(60) \times 10^{-3}$	

物理常数	符号	最佳实验值	供计算用值
里德伯（Rydberg）常数	R	$1.097373177(83) \times 10^7 \, m^{-1}$	
电子康普顿（Compton）波长		$2.4263089(40) \times 10^{-12} \, m$	
质子康普顿（Compton）波长		$1.3214099(22) \times 10^{-15} \, m$	
质子电子质量比	m_p/m_e	1836.1515	

附录三　几种常见半导体材料的物理性能参数

性质	硅	锗	砷化镓	氧化锌	氮化镓
原子量(分子量)	28.09	72.60	144.63	81.39	83.73
晶格结构	金刚石	金刚石	闪锌矿	纤锌矿	纤锌矿
晶格常数/nm	0.543095	0.564613	0.56533	a 0.32496 c 0.52065	a 0.3189 b 0.5186
密度/g·cm^{-3}	2.328	5.3267	5.307	5.606	6.1
相对介电常数	11.9	16.0	13.1	8.656	9.5
电子亲和势/V	4.05	4.13	4.07	——	——
电子有效质量/m_n^*	m_l 0.9163 m_t 0.1905	m_l 1.59 m_t 0.0823	0.063	0.24~0.28	0.22
空穴有效质量/m_p^*	$(m_p)_h$ 0.153 $(m_p)_l$ 0.537	$(m_p)_h$ 0.044 $(m_p)_l$ 0.28	$(m_p)_h$ 0.50 $(m_p)_l$ 0.076	0.21(∥c) 0.55(⊥c)	
禁带宽度/eV	1.119	0.6643	1.428	3.37	3.44
导带有效态密度/cm^{-3}	2.75×10^{19}	1.04×10^{19}	4.7×10^{17}		
价带有效态密度/cm^{-3}	1.04×10^{18}	6.0×10^{18}	7.0×10^{18}		
本征载流子密度/cm^{-3}	1.45×10^{10}	2.4×10^{13}	9.0×10^6	< 10^6	
本征电阻率/Ω·cm	2.3×10^5	47	~10^8	10^{-2}	
电子迁移率/cm^2·V^{-1}·s^{-1})	1450	3800	8000	200	900
空穴迁移率/cm^2·V^{-1}·s^{-1}	500	1800	400	——	15
熔点/℃	1415	937	1238	1975	1700
比热/J·g^{-1}·K^{-1}	0.70	0.31	0.35	0.494	
热导率/W·cm^{-1}·K^{-1}	1.56	0.65	0.455	0.54	1.3
热膨胀系数/10^{-6}K^{-1}	2.6	5.8	6.0	4.3~6.7	——
折射率/μm	3.4233(5.0μm)	4.0170(4.87μm)	4.025(0.546μm)	2.2	——

附录四　硅的消光距离

g	100 kV	200 kV	300 kV
131	602	763	852
220	757	960	1072
313	1349	1713	1910
400	1268	1608	1795
331	2046	2617	2879
513	2645	3354	3745
333	2645	3354	3745
440	2093	2654	2964

附录五　如何定量描述偏离度

　　所谓偏离度是指晶体表面轴向（法向）与某一基准晶面轴向偏离的度数。如果基准面是低指数面，且晶体表面与其偏离不大，则可用定向仪测出偏离度。因为定向仪夹具有两个可调角度的刻度盘，一是可水平旋转的刻度盘，一个是可垂直旋转的刻度盘。这两个刻度的度数变化就构成了晶向偏角 φ 的两个分量（假定为 α 和 β），如图附 5.1 所示。设一束平行光沿 OZ 方向入射到与其垂直的被测样品 kk 面上，如果表面是被抛光的镜面，反射线将沿表面法线反射到 xy 平面上的 O 点。如果表面是经金相腐蚀过的，则表面将产生金相的光像小坑，小坑底的晶面就是与基准晶面接近的晶面。假如基准晶面与晶体表面有一定偏离，这时光像小坑底的反射线不是投射到 O 点，而是沿 BA 方向投射到 xy 平面（光屏）的 A 点，而 $\angle ABO = \Psi$，即为晶向偏离度，Φ 在水平和垂直方向上的偏角分别为 α 和 β，则根据附图 5.1 可导出如下公式：$\cos\Psi = \cos\alpha \times \cos\beta$，这里的 α、β 即为上面所说的 $\alpha_2 - \alpha_1$，$\beta_2 - \beta_1$。由上式可知，可以调节水平角和垂直角使 α 和 β 为零，则 Ψ 也等于零。这时光像中心恰与 O 点（光孔）重合，也就是说，基准晶面法线与入射光束平行了。这时光像应具有高度的对称性。

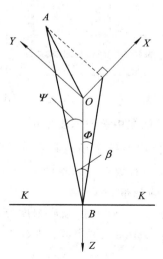

图附 5.1　晶向偏离度

附录六 用阳极氧化去层法求扩散层中杂质浓度分布

1. 阳极氧化法

硅的阳极氧化装置如图附 6.1 所示，溶液是四氢糠醇和亚硝酸钠的混合液，电极间加入 100 V 左右电压，一分钟后可在硅片上长出约 80 nm 的 SiO_2 层。SiO_2 层可用 HF 去除。

生长厚为 d 的 SiO_2 需要消耗 $0.43d$ 厚的硅，这是根据：SiO_2 重量/SiO_2 分子量＝Si 减少的重量/Si 原子量。

必须指出，转换系数 0.43 并非不变，需要按不同情况来选取，一般在 $0.3 \sim 0.45$ 之间。

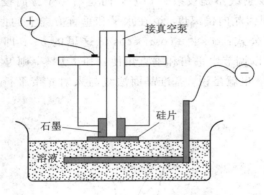

图附 6.1　阳极氧化装置示意图

2. 利用阳极氧化去层法求扩散层中杂质浓度分布

扩散层薄层电阻 R_s 与半导体中有效杂质总量有关，若逐层剥去一定厚度的硅表面，每除去一层就测一次 R_s，随着硅中有效杂质总量的不断变化，测得的 R_s 也将变化，经过一定变换，则可以求出杂质浓度的分布 $N_e(x)$。

设衬底原有杂质浓度分布为 $N_B(x)$，扩散杂质浓度分布为 $N(x)$，则扩散层中有效杂质浓度 $N_e(x)=N(x)-N_B(x)$，若杂质全部电离，则载流子浓度分布也是 $N_e(x)$，于是

$$\sigma(x) = N_e(x)q\mu$$

$$\bar{\sigma} = \frac{1}{x_i}\int_0^{x_i} \sigma(x)\,\mathrm{d}x = \frac{1}{x}\int_0^{x_i} N_e(x)q\mu\,\mathrm{d}x$$

$$R_s = \frac{1}{x_i \cdot \bar{\sigma}} = \left[\int_0^{x_i} N_e(x)q\mu\,\mathrm{d}x\right]$$

即

$$R_s^{-1} = \int_0^{x_i} N_e(x)q\mu\,\mathrm{d}x = \int_0^{x_i} \sigma(x)\,\mathrm{d}x$$

$$\frac{\mathrm{d}R_\mathrm{s}^{-1}}{\mathrm{d}x} = \sigma(x) = N_e(x)q\mu$$

可见，测出 $R_\mathrm{s}^{-1}-x$ 关系曲线，再逐点求其斜率，就可以得到杂质浓度分布 $N_e(x)$，具体测量 $R_\mathrm{s}^{-1}-x$ 关系时则采用阳极氧化法。利用椭偏仪测量 SiO_2 厚度，精确控制从样品表面逐层剥掉的厚度。

有时为简便起见，也可按下面步骤求出 $N_e(x)$：

(1) 作用 $\log R_\mathrm{s}(x)-x$ 曲线。

(2) 再作出 $\mathrm{d}(\log R_\mathrm{s})/\mathrm{d}x - x$ 曲线。

(3) 按 $\rho(x) = \dfrac{R_{\mathrm{s}(x)}\log e}{\mathrm{d}\left[\dfrac{\log R_{\mathrm{s}(x)}}{\mathrm{d}x}\right]}$ 逐点计算出相应的电阻率。

(4) 由求出的 $\rho(x)$ 的查出 $N_e(x)$。

参 考 文 献

[1] 张跃. 一维氧化锌纳米材料[M]. 北京：科学出版社，2010

[2] 陈建林，陈荐，何建军，等. 氧化锌透明导电薄膜及其应用[M]. 北京：化学工业出版社，2011

[3] 杨南如，余桂郁. 溶胶-凝胶法的基本原理与过程[J]. 硅酸盐通报，1993(2)：56-63

[4] 洪新华，李保国. 溶胶-凝胶法(Sol-gel)方法的原理与应用[J]. 天津师范大学学报(自然科学版)，2001，21(1)：5-6

[5] 王德宪. 溶胶-凝胶法的化学原理简述[J]. 玻璃，1998，25(1)：35-38

[6] 黄春辉，李富友，黄岩谊. 光电功能超薄膜[M]. 北京：北京大学出版社，2001

[7] 游天桂. ZnO 纳米线的制备及其磁光性能研究[D]. 西安：西北大学硕士学位论文，2012

[8] 施尔畏，陈之战，元如林，郑燕青. 水热结晶学[M]. 北京：科学出版社，2004

[9] 李汶军，施尔畏，王步国，等. 水热法制备氧化锌粉体[J]. 无机材料学报，1998，13(1)：27-32

[10] 李汶军，施尔畏，仲维卓，等. 负离子配位多面体生长基元的理论模型与晶体形貌[J]. 人工晶体学报，1999，28(2)：117-125

[11] 元如林，施尔畏，王步国，等. 氧化锌晶粒生长基元与生长形态的形成机理[J]. 中国科学(E辑)，1997，27(3)：229-236

[12] 刘鹏. 高磁响应单分散 Fe_3O_4 磁性微球制备及相关性能研究[D]. 东华大学硕士学位论文，2014

[13] Melo R S, Silva F C, Moura K R M, de Menezes A S, Sinfrônio F S M. Magnetic ferrites synthesised using the microwave-hydrothermal method[J]. Journal of Magnetism and Magnetic Materials，2015，381(1)：109-115

[14] Y S. Shape-Controlled Synthesis of Gold and Silver Nanoparticles[J]. Science，5601，34(10)：2176-2179

[15] Vol. N. Synthesis and characterization of bismuth single-crystalline and nanospheres. [J]. Inorganic Chemistry，2004，43(23)：7552-7556

[16] 李姣红. 低压 ZnO 压敏陶瓷的制备及 Y2O3 掺杂改性研究[D]. 西安科技大学硕士学位论文，2011

[17] 王立惠. 低压 ZnO 压敏陶瓷的制备及性能研究[D]. 昆明理工大学硕士学位论文，2006

[18] Peigney A, Andrianjatovo H, Legros R, et al. Influence of chemical composition on sintering of bismuth-titanium-doped zinc oxide[J]. Mater. Sci.，1992，27：2397-2405

[19] Romerio F C, Marinho J Z, Silva A C A, et al. Photoluminescence and Magnetism in Mn2+ Doped ZnO Nanostructures Grown Rapidly by Microwave Hydrothermal Method[J]. J. Phys. Chem. C，2013，117(49)：26222-26227

[20] 叶志镇，吕建国，张银珠，等. 氧化锌半导体材料掺杂技术与应用[M]. 杭州：浙江大学出版社，2009

[21] Özgür Ü, Alivov Y I, Liu C, et al. A comprehensive review of ZnO materials and devices[J]. J. Appl. Phys. 2005，98(041301)：1-103

[22] 马正先，姜玉芝，韩跃新. 纳米氧化锌制备原理与技术[M]. 北京：中国轻工业出版社，2009.

[23] 闫军锋. 菊花状 ZnO 纳米线簇的制备及其吸波性能研究[D]. 西安：西北大学博士学位论文，2010

[24] 张志勇. 金刚石薄膜制备及其在改善电力电子器件热特性方面的研究[D]. 西安理工大学博士学位论文，2002

[25] 戴达煌，周克松. 金刚石薄膜沉积制备工艺与应用[M]. 北京：冶金工业出版社，2001

[26] 熊军，汪建华，王传新，等. 热丝 CVD 法制备大面积金刚石厚膜[J]. 武汉工程大学学报，2008，30(1)：80 - 82

[27] 梁继然，常明，潘鹏. 热丝 CVD 法制备金刚石膜[J]. 天津理工大学学报，2005，21(1)：41 - 42

[28] 王俊. 磁控溅射技术的原理与发展[J]. 科技创新与应用，2015，02

[29] 方英翠. 真空镀膜原理与技术[M]. 北京：科学出版社，2014

[30] 肖锋伟. 磁控溅射法制备氮掺杂 ZnO 薄膜及其光学特性研究[D]. 西北大学硕士学位论文，2009

[31] 王珊珊，王雪文，闫军锋，等. GaN 薄膜的溶胶-凝胶法制备及其表征[J]. 光子学报，2009，(01)：171 - 174

[32] 马洪磊，杨莺歌，刘晓梅. GaN 薄膜的研究进展[J]. 功能材料，2004，35(5)：537 - 540

[33] 肖定全，朱建国，朱基亮，等. 薄膜物理与器件[M]. 北京：国防工业出版社，2011.5

[34] 叶义成. 丝网印刷工艺参数分析与研究[D]. 西安理工大学硕士学位论文，2007

[35] 林成坤. 丝网印刷工艺研究[J]. 中国包装工业，2013，20：40 - 42

[36] 伍学高. 干法镀技术[M]. 四川：科学技术出版社，1987

[37] 张以忱. 真空镀膜技术[M]. 北京：冶金工业出版社，2009

[38] 徐万劲. 磁控溅射技术进展及应用[J]. 现代仪器，2005，5：1 - 5

[39] 徐振嘉. 半导体的检测与分析[M]. 北京：科学出版社，2007

[40] 王矜奉. 固体物理学[M]. 济南：山东大学出版社，2008

[41] 宗祥福，李川. 电子材料实验.[M]. 上海：复旦大学出版社，2004

[42] 周玉. 材料分析方法(第 2 版)[M]. 北京：机械工业出版社，2004

[43] 飞纳台式扫描电镜手册.

[44] 上海硅酸盐研究所. 子显微神兵利器——各种型号的透射电子显微镜，2013

[45] 许振嘉. 半导体的检测与分析[M]. 北京：科学出版社，2007

[46] Marcus R B, Sheng T T. 硅 VLSI 电路和结构的 TEM 分析[M]. 上海：复旦大学出版社，1989

[47] 孙东平. 现代仪器分析实验技术[M]. 北京：科学出版社，2015

[48] 赵藻藩. 仪器分析[M]. 北京：高等教育出版社，1990

[49] 电子工业生产技术手册编委会编. 电子工业生产技术手册生产质量技术保证卷. 北京：国防工业出版社，1989

[50] 复旦大学电子材料教研室，材料分析(二)讲义[M]. 1988

[51] 张霞. 新材料表征技术[M]. 上海：华东理工大学出版社，2012

[52] 常铁军，刘喜军. 材料近代分析测试方法[M]. 哈尔滨：哈尔滨工业大学出版社，2010

[53] 师振宇，黄山，等. 拉曼光谱实验方法及谱分析方法的研究[M]. 物理与工程，2006，17(2)60 - 64

[54] 徐富春. 微纳尺度表征的俄歇电子能谱新技术[D]. 厦门：厦门大学博士学位论文，2009

[55] 中国科技大学，高年级物理实验[M]. 1995

[56] 九院校编写组，微电子学实验教程[M]. 西安：西安交通大学，1991

[57] 孙以材. 半导体测试技术[M]. 北京：冶金工业出版社，1984

[58] 孙恒慧. 半导体物理实验[M]. 北京：高等教育出版社，1985

[59] 中国科学院半导体所，半导体检测与分析[M]. 北京：科学出版社，1984

[60] 黄昆，韩汝椅. 半导体物理基础[M]. 北京：高等教育出版社，1979

[61] 厦门大学物理系. 半导体器件工艺原理[M]. 北京：人民教育出版社，1977

[62] 邓志杰，郑安生. 半导体材料[M]. 北京：化学工业出版社，2004

[63] 王旗，陈振，等. 国外硅单晶质量研究进展[J]. 半导体光电，1996，17(3)：224

[64] 中华人民共和国国家标准. 硅晶体完整性化学择优腐蚀检验方法.

[65] 谢孟贤，刘国维. 半导体工艺原理(上册)[M]. 北京：国防工业出版，1980

[66] 刘恩科. 半导体物理学[M]. 北京：电子工业出版社，2011

[67] 陈长缨. 量值恒定的表面光电压法测量半导体少子扩散长度的研究[J]. 半导体光电，2010，10

[68] 中国科学院半导体研究所理化分析中心. 半导体检测与分析[M]. 北京：科学出版社，1984

[69] 唐爽，岑剡. 利用硅光电池测量硅单晶半导体材料的禁带宽度[J]. 物理实验，2008

[70] 孙勤生，多功能 DLTS 谱仪鉴定会资料《深能级瞬态原理和应用》. 1982.4

[71] 南京大学物理系半导体教研室，深能级瞬态谱仪使用说明书. 1983

[72] 清华大学，等. 微电子学实验教程[M]. 东南大学出版社，1991.05

[73] 桂智彬. 微电子与集成电路专业实验教程[M]. 西安：西安电子科技大学，2007

[74] 胡传炘. 隐身涂层技术[M]. 北京：化学工业出版社，2004

[75] 金维芳. 电介质物理学[M]. 北京：机械工业出版社，1994

[76] 陈力. ZnO 纳米线的制备及其场发射性能的研究[D]. 成都：电子科技大学硕士学位论文，2013

[77] Fowler R H, Bordheim L W. Electron emission in intense electric field[J]. Proc, R Soc, London, Ser, A1928, 119：173－181

[78] Lee C J, Lee T J, Lyu S C, Zhang Y, Ruh H, Lee H J. Appl Phys Lett, 81(2002) 3648

[79] 张中太. 无机光致发光材料及应用[M]. 北京：化学工业出版社，2011

[80] 杨德仁. 半导体材料测试与分析[M]. 北京：科学出版社，2010

[81] 张凤山，朱玲心，王寿英. 测量薄膜材料 n、k、d 的一种简单方法. 红外研究(A 辑). 1986，189－95

[82] 樊玎玎. SiCN 薄膜的制备及其光学参数的研究. 西安：西北大学硕士学位论文，2010

[83] NKD－8000 系列高级薄膜表征系统产品说明

[84] 毛立娟. 氮气吸附 BET 法测定纳米材料比表面积的比对实验，现代测量与实验室管理[J]. 2010，5：3～5

[85] 郑占响. 金属超微粉比表面积测试研究[J]. 沈阳工业大学学报，1995，17(3)：79－83

[86] 柳翱. BET 容量法测定固体比表面积[J]. 长春工业大学学报，2012，33(2)：197－199

[87] 田民波，刘德令. 薄膜科学与技术手册(上)[M]. 北京：机械工业出版社，1991

[88] 张耀明. 随机误差、系统误差与精密度、正确度和准确度. 上海计量测试[J]，2000，2：22

[89] 李云燕，胡传荣. 实验设计及数据处理[M]. 北京：化学工业出版社，2005